特种作业人员安全技术培训系列教材

金属焊割作业

（初训）

《特种作业人员安全技术培训系列教材》编委会　编写

中国环境出版社·北京

图书在版编目（CIP）数据

金属焊割作业. 初训 /《特种作业人员安全技术培训系列教材》编委会编著. —北京：中国环境出版社，2013.1（2015.1 重印）

ISBN 978-7-5111-0873-9

Ⅰ. ①金… Ⅱ. ①特… Ⅲ. ①金属材料—焊接—安全技术—技术培训—教材②金属—切割—安全技术—技术培训—教材 Ⅳ. ①TG457.1②TG48

中国版本图书馆 CIP 数据核字（2012）第 011363 号

出 版 人 王新程
责任编辑 丁莞歆
责任校对 唐丽虹
封面设计 金 喆

出版发行 中国环境出版社
（100062 北京市东城区广渠门内大街 16 号）
网　　址：http://www.cesp.com.cn
电子邮箱：bjgl@cesp.com.cn
联系电话：010-67112765（编辑管理部）
010-67175507（科技标准图书出版中心）
发行热线：010-67125803，010-67113405（传真）

印　　刷 北京市联华印刷厂
经　　销 各地新华书店
版　　次 2013 年 1 月第 1 版
印　　次 2015 年 1 月第 2 次印刷
开　　本 787×1092 1/16
印　　张 12.75
字　　数 265 千字
定　　价 22.00 元

《金属焊割作业（初训）》

编　写：赵现金

总 序

安全生产是指在组织生产经营活动的过程中，为避免造成人员伤害和财产损失而相应采取的事故预防和控制措施的相关活动，是我国的一项重要政策，也是社会、企业管理的重要内容之一。

安全生产关系到人民群众的生命财产安全，关系到改革发展和社会稳定大局，也越来越受到各级领导的重视。《国务院安委会关于进一步加强安全培训工作的决定》（安委[2012]10 号）强调指出，加强安全培训工作，是落实党的十八大精神，深入贯彻科学发展观，实施安全发展战略的内在要求；是强化企业安全生产基础建设，提高企业安全管理水平和从业人员安全素质，提升安全监管监察效能的重要途径；是防止“三违”行为，不断降低事故总量，遏制重特大事故发生的源头性、根本性举措。

为了进一步加强安全教育培训，我们特面向广大特种作业人员推出一套《特种作业人员安全技术培训系列教材》，以帮助相关从业人员提高安全生产的意识，增加安全生产的知识，消灭安全事故的苗头，减少安全事故的发生。

本套教材针对不同对象，结合特种作业行业领域的安全生产实际和职业特点，紧密结合教学大纲，全面介绍了各工种相关的法律法规、安全知识与技能和管理经验，又结合各类安全生产事故的典型案例进行案例分析，突出了通俗易懂、实用性高、易掌握的特点，可供特种行业从业人员作为培训教材，也可作为相关工作人员参考用书。

前 言

金属焊接切割等一些特种作业容易发生伤亡事故，对操作者本人、他人及周围设施、设备的安全造成重大危害。从统计资料分析，大量的事故都发生在这些作业中，而且多数都是由于直接从事这些作业的操作人员缺乏安全知识，安全操作技能差或违章作业造成的。因此，依法加强直接从事这些作业的操作人员，即特种作业人员的安全技术培训、考核非常必要。

为保障人民生命财产的安全，促进安全生产，《安全生产法》、《劳动法》、《矿山安全法》、《消防法》、《危险化学品安全管理条例》等有关法律、法规作出了一系列的强制性要求，规定特种作业人员必须经过专门的安全技术培训，经考核合格取得操作资格证书，方可上岗作业。原劳动部曾制定了相应的培训考核管理规定和培训考核大纲，并编写了特种作业人员培训考核统编教材，对推动此项工作起到了重要作用。1998 年国务院机构改革后，原劳动部承担的职业安全监察、矿山安全监察及安全综合管理职能划入国家经贸委。为适应社会主义市场经济的发展和劳动用工制度改革、劳动力流动频繁的新形势，防止各地特种作业人员实际操作水平的参差不齐，避免重复培训、考核和发证，减轻持证人员的负担和社会的总体运营成本，统一规范特种作业人员的培训、考核工作，当时的国家经贸委以 2000 年第 13 号令的形式发布了《特种作业人员安全技术培训考核管理办法》，在全国推广和规范使用具有防伪功能的 IC 卡《中华人民共和国特种作业操作证》，并实行统一的培训大纲、考核标准、培训教材及证件，此项工作一直持续至今。本系列教材由重庆市安全生产监督管理局安全技术考试培训中心组织编写。结合重庆市的具体情况，结合国家的法律、法规和相关标准要求编写，可供参加金属焊接切割作业的特种作业人员使用，也可供从事相关工作的管理人员、技术人员和学生参考。

在教材的编写过程中，力求语言通俗易懂，并结合行业的最新发展方向，介绍了一些新方法、新技术、新工艺。由于知识和实际经验的不足，在编写过程中，一定存在一些不妥之处，敬请批评指正。

编者

2013 年 1 月

前言

目　录

第一章
安全生产法律法规常识

《中华人民共和国劳动法》和《中华人民共和国安全生产法》规定：从事特种作业的人员必须经过专门培训，方可上岗作业。

特种作业人员相对于普通作业人员，工作岗位往往更为重要，危险性更大，容易发生伤亡事故，对操作者本人、他人及设施、设备的安全造成危害，因此，技术上有更高的要求，同时，作为特种作业人员还应该有较强的法制意识，学法懂法，严格按要求规范操作，确保安全生产。

第一节　我国安全生产方针

“安全第一，预防为主”是我国安全生产工作的基本方针。《中华人民共和国安全生产法》（以下简称《安全生产法》）等法律法规都围绕这个方针制定了相关法律制度，从法律上保证了“安全第一，预防为主”方针的落实。

一、劳动保护与安全生产

新中国成立之初，国家明确提出实行劳动保护政策。毛泽东主席在劳动部 1952 年的工作报告中明确指示：“在实施增产节约的同时，必须注意职工的安全、健康和必不可少的福利事业。如果只注意前一方面，忘记或稍加忽视后一方面，那是错误的。”1952 年 12 月，劳动部召开了“第二次全国劳动保护工作会议”，这次会议根据毛泽东主席这一批示进行了认真研究讨论，提出了劳动保护工作必须贯彻“安全生产”的方针，明确了安全与生产的辩证统一关系，要求企业各级领导必须把关心生产和关心人统一起来，同时还规定了“管生产必须管安全”等一系列安全生产管理原则。在这一方针指导下，国家制定和颁布了一系列政策和法规，企业也做了大量工作，使劳动条件有了很大改善，从而有效地保护了劳动者在生产中的安全健康，促进了社会主义建设的发展。

随着我国生产力的发展，安全生产也越来越受到党和政府的高度重视。1957 年，周恩来总理在视察民航工作时为中国民航题词：“保证安全第一，改善服务工作，争取飞行正常。”1959 年周恩来总理在视察径隆煤矿时指出：“在煤矿，安全生产是主要的，生产和安全发生矛盾时，生产要服从安全。”1960 年，当我国第一艘万吨轮“跃进”号在航运中触礁沉没后，周恩来总理对当时的交通部长说：“你们搞航运的，也要安全第一。”后来，“安全第一”写入我们党和政府的许多文件里。

1979 年 2 月和 7 月，当时的航空工业部在向党中央汇报执行 67 号和 100 号文件的书面报告中首次提出，在安全生产工作中应执行“安全第一，预防为主”的方针。1983 年国务院在[1983]85 号《国务院批转水利电力部关于做好七大江河防汛工作的报告的通知》中指出：“在‘安全第一，预防为主’的思想指导下搞好安全生产，是经济管理、生产管理部门和企业领导的本职工作，也是不可推卸的责任。”1987 年 1 月 26 日劳动人事部在杭州召开会议，把“安全第一，预防为主”作为劳动保护工作方针写进了我国第一部《劳动法（草案）》。同年，北京召开的“全国劳动安全监察工作会议”上，经过代表们的反复讨论，决定把劳动保护工作的方针规定为“安全第一，预防为主”。会议认为这个提法与“安全生产”方针在本质上是一致的，并无矛盾，而且更加符合当时的生产实际，也符合将来的生产发展。2002 年颁布施行的《安全生产法》明确规定：安全生产管理，坚持安全第一、预防为主的方针。

通过上述简要回顾可以看出，《安全生产法》确定的“安全第一，预防为主”的安全生产方针，是在长期工作实践中总结和提炼出来的，既是党和国家对安全生产工作的总要求，也是安全生产工作应遵循的最高准则。

二、在工作中正确理解安全生产方针的含义

只有正确理解安全生产方针，才能在工作中自觉地贯彻和落实好安全生产方针。安全生产方针可以归纳为以下几方面的内容：

①突出强调了“以人为本”的思想。人的生命是宝贵的，人的生命权是人的其他一切权利的基础。劳动保护的根本就是要实现安全生产，只有劳动者的安全得到充分的保障，生产才可能顺利进行。

②“安全第一”是相对于生产而言的，即当生产和安全发生矛盾时，必须先解决安全问题，使生产在确保安全的情况下进行。劳动者绝不能在人身安全没有保障的情况下，为了完成生产任务而从事生产活动。因此，安全保障是从事生产活动的最基本的条件。这就是人们常说的：“生产必须安全，不安全不得生产。”这是人命关天的大事，广大劳动者要努力学习安全生产知识，掌握安全生产技能，提高安全生产和自我保护意识，不仅自己不要冒险作业，还要充分行使法律赋予的权利，保障自己的合法权益。

③在生产活动中，必须用辩证统一的观点去处理好安全与生产的关系。特别在生产任务繁忙的情况下，安全工作与生产工作发生矛盾时，更应处理好两者的关系。越是生产任务忙，越要重视安全，把安全工作搞好。否则，就会引发事故，生产也无法正常进行，这是多年来生产实践证明了的一条重要经验。

采取安全措施，扩大安全生产，从表面上看，有时会耽误一些生产或增加一些开支，但从整体上看，劳动条件改善了，劳动生产率必将大大提高，这也是无数生产实践所证明了的经验。那种把安全和生产对立起来的观点是完全错误的。

④安全生产工作必须强调预防为主。为了使“安全第一”的指导思想能真正落到实处，有许多工作要做，但是，相比较而言，如果我们能事先做好预防工作，防微杜渐，防患于未然，把事故隐患及时消灭在发生事故之前，这当然是最理想的。因为事故不同于其他事情，特别是在现代化大生产情况下，一旦发生事故，其后果是很难挽回的，许多情况下是根本无法挽回的。因此，做好预防工作就是落实“安全第一”的最主要的工作。所以说“预防为主”是落实“安全第一”的基础，离开了“预防为主”，“安全第一”也是一句空话。

⑤在事故发生时，要在事故调查的基础上，确定相关人员的责任。对不遵守安全生产法律、法规或玩忽职守、违章操作的有关责任人员，要依法追究行政责任、民事责任和刑事责任。严肃追究有关事故责任人的责任，也是方针的要求。

第二节　安全生产法律法规与法律制度

为保障人民群众的生命财产安全，有效遏制生产安全事故的发生，我国颁布了以《安全生产法》为代表的一系列法律法规，形成以“安全第一，预防为主”为方针的一系列法律制度，如安全生产监督管理制度、生产安全事故报告制度、事故应急救援与调查处理制度、事故责任追究制度等，从法律上保证了安全生产的顺利进行。

一、安全生产主要法律法规

（一）《安全生产法》相关知识

为了加强安全生产监督管理，防止和减少生产安全事故，保障人民群众生命和财产的安全，促进经济发展，我国于2002年6月29日颁布了《中华人民共和国安全生产法》于2002年11月1日起施行。

特种作业人员需要掌握《安全生产法》中以下主要内容：

《安全生产法》是我国第一部关于安全生产的专门法律，适用于各个行业的生产经营活动。它的根本宗旨是保护从业人员在生产经营活动中应享有的保证生命安全和身心健康的权利。这一宗旨是通过调整生产关系来实现的。《安全生产法》实行属地管理原则，即生产活动在谁的行政管辖范围内即由谁依法管理，而不管生产经营实体的性质和隶属背景。

在安全生产领域内，《安全生产法》的法律地位最高，其他针对具体行业或工种的法规、条例，其法律地位应在《安全生产法》之下。即如有与《安全生产法》相抵触的地方，必须加以修改或视为无效。

1．根据《安全生产法》，从业人员享有5项权利

（1）知情、建议权

《安全生产法》第四十五条规定：“生产经营单位的从业人员有权了解其作业场所和工作岗位存在的危险因素、防范措施及事故应急措施，有权对本单位的安全生产工作提出建议。

与此相对应，责任方有完整、如实告知的义务，不得隐瞒和欺骗，同时对安全生产方面的合理建议有接受和改进的义务。”

（2）批评、检举、控告权

《安全生产法》第四十六条规定：“从业人员有权对本单位安全生产工作中存在的问题提出批评、检举、控告……生产经营单位不得因从业人员对本单位安全生产工作提出批评、检举、控告……而降低其工资、福利等待遇或者解除与其订立的劳动合同。”

（3）合法拒绝权

《安全生产法》第四十六条规定：“从业人员……有权拒绝违章指挥和冒险作业……生

产经营单位不得因从业人员……拒绝违章指挥和冒险作业而降低其工资、福利等待遇或者解除与其订立的劳动合同。”

（4）遇险停、撤权

《安全生产法》第四十七条规定：“从业人员发现直接危及人身安全的紧急情况时，有权停止作业或者在采取可能的应急措施后撤离作业场所。”

生产经营单位不得因从业人员在前款紧急情况下停止作业或者采取紧急撤离措施而降低其工资、福利等待遇或者解除与其订立的劳动合同。”

（5）保（险）外索赔权

《安全生产法》第四十七条规定：“因生产安全事故受到损害的从业人员，除依法享有工伤社会保险外，依照有关民事法律尚有获得赔偿的权利的，有权向本单位提出赔偿要求。”

2．从业人员的义务

法制的基本特征之一是权利和义务应该对等。因此从业人员在享有上述权利的同时，还应该依法履行下列义务：

（1）遵章作业的义务

在生产实践中总结出来的各种安全生产规章制度和操作规程，是保证工人安全的法宝。因此，《安全生产法》第四十九条规定：“从业人员在作业过程中，应当严格遵守本单位的安全生产规章制度和操作规程，服从管理……”

（2）佩戴和使用劳动防护用品的义务

劳动防护用品虽然会给生产活动带来某种不便，但却是保护操作者免受伤害的直接屏障。因此，《安全生产法》第四十九条规定：“从业人员在作业过程中，应当正确佩戴和使用劳动防护用品。”

（3）接受安全生产教育培训的义务

无知是安全生产的第一杀手，要安全就要知道如何才能保证安全。因此，《安全生产法》第五十条规定：“从业人员应该接受安全生产教育和培训，掌握本职工作所需的安全生产知识，提高安全生产技能，增强事故预防和应急处理能力。”

（4）安全隐患报告义务

《安全生产法》第五十一条规定：“从业人员发现事故隐患或者其他不安全因素，应当立即向现场安全管理人员或者本单位负责人报告，接到报告的人员应当及时予以处理。”

3．对特种作业人员的规定

《安全生产法》第二十三条规定：“生产经营单位的特种作业人员必须按照国家有关规定经专门的安全作业培训，取得特种作业操作资格证书，方可上岗作业。”

结合《中华人民共和国劳动法》（以下简称《劳动法》）的相关规定，特种作业人员必须取得两证才能上岗，一是特种作业资格证（技术等级证），二是特种作业操作资格证（即安全生产培训合格证）。两证缺一即可视为违法上岗或违法用工。

（二）《劳动法》相关知识

1994 年 7 月 5 日第八届全国人民代表大会常务委员会第八次会议通过了《劳动法》，并于 1995 年 1 月 10 日起施行。《劳动法》的立法目的是为了保护劳动者的合法权益，调整劳动关系，建立和维护适应社会主义市场经济的劳动制度，促进经济发展和社会进步。

特种作业人员需要掌握《劳动法》中的主要内容是：

①第五十四条："用人单位必须为劳动者提供符合国家规定的劳动安全卫生条件和必要的劳动防护用品，对从事有职业危害作业的劳动者应当定期进行健康检查。"

②第五十五条："从事特种作业的劳动者必须经过专门培训并取得特种作业资格。"

③第五十六条："劳动者在劳动过程中必须严格遵守安全操作规程。劳动者对用人单位管理人员违章指挥，强令冒险作业，有权拒绝执行，对危害生命安全和身体健康的行为，有权提出批评、检举和控告。"

从中可以看出，特种作业人员必须取得特种作业资格，即拿到特种作业资格证（技术等级证）才能上岗。

（三）《职业病防治法》相关知识

《职业病防治法》的立法目的是为了预防、控制和消除职业病危害，防治职业病，保护劳动者健康及其相关权益，促进经济发展。

特种作业人员需要掌握《职业病防治法》中以下主要内容：

①《职业病防治法》第四条规定："用人单位应当为劳动者创造符合国家职业卫生标准和卫生要求的工作环境和条件，并采取措施保障劳动者获得职业卫生保护。"

②《职业病防治法》第六条规定："用人单位必须依法参加工伤社会保险。"

③《职业病防治法》第十三条规定："产生职业病危害的用人单位的设立，除应当符合法律、行政法规规定的设立条件外，其工作场所还应当符合下列职业卫生要求：

一是职业病危害因素的强度或者浓度符合国家职业卫生标准；

二是有与职业病危害防护相适应的设施；

三是生产布局合理，符合有害与无害作业分开的原则；

四是有配套的更衣间、洗浴间、孕妇休息间等卫生设施；

五是设备、工具、用具等设施符合保护劳动者生理、心理健康的要求；

六是法律、行政法规和国务院卫生行政部门关于保护劳动者健康的其他要求。"

④《职业病防治法》第二十八条规定："任何单位和个人不得将产生职业病危害的作业转移给不具备职业病防护条件的单位和个人，不具备职业病防护条件的单位和个人不得接受产生职业危害的作业。

用人单位与劳动者订立劳动合同（含聘用合同，下同）时，应当将工作过程中可能产生的职业病危害及其后果，职业病防护措施和待遇等如实告知劳动者，并在劳动合同中写明，不得隐瞒或者欺骗。

劳动者在已订立劳动合同期间因工作岗位或者工作内容变更，从事与所订立劳动合同中未告知的存在职业病危害的作业时，用人单位应当依照前款规定，向劳动者履行如实告知的义务，并协商变更原劳动合同相关条款。

用人单位违反前两款规定的，劳动者有权拒绝从事存在职业病危害的作业，用人单位不得因此解除或者终止与劳动者所订立的劳动合同。"

⑤《职业病防治法》第三十二条规定："对从事接触职业病危害的作业的劳动者，用人单位应当按照国务院卫生行政部门的规定组织上岗前、在岗期间和离岗时的职业健康检

查，并将检查结果如实告知劳动者。职业健康检查费用由用人单位承担。”

⑥《职业病防治法》第三十二条规定：

“劳动者享有下列职业卫生保护权利：

①获得职业卫生教育、培训；

②获得职业健康检查、职业病诊疗、康复等职业病防治服务；

③了解工作场所产生或者可能产生的职业病危害因素、危害后果和应当采取的职业病防护措施；

④要求用人单位提供符合防治职业病要求的职业病防护设施和个人使用的职业病防护用品，改善工作条件；

⑤对违反职业病防治法律、法规以及危及生命健康的行为提出批评、检举和控告；

⑥拒绝违章指挥和强令进行没有职业病防护措施的作业；

⑦参与用人单位职业卫生工作的民主管理，对职业病防护工作提出意见和建议。

用人单位应当保障劳动者行使前款所列权利。因劳动者依法行使正当权利而降低其工资、福利等待遇或者解除、终止与其订立的劳动合同的，其行为无效。”

（四）《工伤保险条例》相关知识

主要应当了解两条：

①第二条：“……中华人民共和国境内的各类企业、有雇工的个体工商户（以下简称用人单位），应当依照本条例规定参加工伤保险，为本单位全部职工或者雇工（以下简称职工）缴纳工伤保险费。

中华人民共和国境内的各类企业的职工和个体工商户的雇工均有依照本条例的规定享受工作保险待遇的权利。”

②第四条：“……用人单位应当将参加工作的有关情况在本单位内公示……

职工发生工伤时，用人单位应当采取措施使工伤职工得到及时救治。”

二、安全生产主要法律制度

（一）安全生产监督管理制度

从根本上说，生产经营单位是生产经营活动的承担主体，在安全生产工作中居于关键地位。生产经营单位能否严格按照法律、法规以及国家标准或者行业标准的规定切实加强安全生产管理，搞好安全生产保障，是做好安全生产工作的根本所在。但是，由于种种原因，并不是所有的生产经营单位都能够自觉地按照法定要求搞好安全生产保障。所以，强化外部的监督管理，对做好安全生产工作十分重要，不可缺少。

《安全生产法》从不同的方面规定了安全生产的监督管理。由于安全关系到各类生产经营单位和社会的方方面面，涉及面较广，仅靠政府及有关部门的监督管理是不够的，必须走专门机关和群众相结合的道路，充分调动和发挥社会各方面的积极性，建立起经常性的、有效的、群防群治的监督机制，齐抓共管，才能从根本上保障生产经营单位的安全生产。因此“安全生产的监督管理”中监督是广义上的监督，既包括政府及其有关部门的监督，也包括社会力量的监督。具体有以下几个方面：

一是县级以上地方各级人民政府监督管理。主要是组织有关部门对本行政区域内容易发生重大生产安全事故的生产经营单位进行严格的检查并及时处理发现的事故隐患等。

二是负有安全生产监督管理职责的部门的监督管理，包括严格依照法定条件和程序对生产经营单位涉及安全生产的事项进行审查批准和验收，并及时进行监督检查等。为了保证监督检查的顺利进行，对负有安全生产监督管理职责的部门享有的职权、工作程序以及监督检查人员的素质要求和应当遵守的义务也作了明确规定。同时，负有安全生产监督管理职责的总站应当建立举报制度，受理有关安全生产事项的举报。

三是监察机关的监督。监察机关依照行政监察法的规定，对负有安全生产监督管理工作职责的部门及其工作人员依法履行安全生产监督检查的情况进行监察。

四是对安全生产社会中介机构的监督。承担安全评价、认证、检测、检验等工作的安全生产中介机构要具备国家规定的资质条件，并对其出具的所有报告、证明等结果负责。

五是社会公众的监督。任何单位或个人对事故隐患或者安全生产违法行为，都有权向负有安全生产监督管理职责的部门报告或者举报；居民委员会、村民委员会等基层群众性自治组织发现所在区域的生产经营单位存在隐患或者安全生产违法行为时，应当向当地政府或者有关部门报告。

六是新闻媒体的监督。新闻、出版、广播、电影、电视等部门有进行安全生产宣传教育的义务，有对违反安全生产法律、法规的行为进行舆论监督的权利。

（二）生产安全事故报告制度

《安全生产法》以及国务院《关于特大安全事故行政责任追究的规定》（第 302 号令）等法律法规都对生产安全事故的报告作了明确规定，从而构成我国安全生产法律的事故报告制度。

1．事故隐患报告

按照我国安全生产法律法规的规定，生产经营单位一旦发现事故隐患，应立即报告当地安全生产综合监督管理部门和当地人民政府及其有关主管部门，并申请对单位存在的事故隐患进行初步评估和分级。

对重大事故隐患，经确认后，生产经营单位应编写重大事故隐患报告书，报送省级安全生产综合监督管理部门和有关主管部门并同时报送当地人民政府及有关部门。

重大事故隐患报告书应包括以下内容：

①事故隐患类别；②事故隐患等级；③影响范围；④影响程度；⑤整改措施；⑥整改资金来源及其保障措施；⑦整改目标。

对特大安全事故隐患的报告、查处，国务院第 302 号令也作了类似的规定。

《安全生产法》第六十四条、第六十五条明确规定：任何单位或个人对事故隐患或者安全生产违法行为，均有权报告或举报。第六十六条规定：国家对报告重大事故隐患或者举报安全生产违法人员的有功人员，给予奖励。

2．生产安全事故报告

生产安全事故报告是事故报告制度最基础的部分，事故调查报告和事故调查处理报告（以及事故调查处理决定）等都是在此基础上形成的，因而，生产安全事故报告必须坚持及时准确、客观公正、实事求是、尊重科学的原则，以保证事故调查处理的顺利进行。

首先，是生产经营单位内部的事故报告。

《安全生产法》第七十条第一款规定："生产经营单位发生生产安全事故后，事故现场有关人员应当立即报告本单位负责人。"

这样规定的目的是便于生产经营单位向上报告和立即组织抢救，所以"当事人"或"有关人员"应当在自救、互救的同时，第一时间将事故发生的时间、地点、现场情况以及初步估计的事故原因报告本单位主要负责人或其他负责人，以免贻误抢救时机，造成更大人员伤亡和财产损失。

其次，是生产经营单位的事故报告。

《安全生产法》第七十条第二款规定："（生产经营）单位负责人接到事故报告后……按照有关规定立即如实报告当地负有安全生产监督管理职责的部门，不得隐瞒不报、谎报或者拖延不报……生产经营单位发生伤亡事故后，应当立即报告当地县（市、区、旗）人民政府安全生产综合监督管理部门和有关部门。"

（三）事故应急救援与调查处理制度

事故应急救援与调查处理制度，一是为了防止和减少发生生产安全事故，遏制生产安全事故的频繁发生，减少事故中的人员伤亡和财产损失，促进安全生产形势的稳定好转，建立生产安全事故应急救援预案的制定，能总结以往本行政区安全生产工作的经验和教训，明确本行政区安全生产工作的重大问题和工作重点，提出预防事故的思路和方法，是全面贯彻"安全第一，预防为主"的需要；二是在生产安全事故发生后，事故应急救援体系能保证事故应急救援组织的及时出动，并有针对性地采取救援措施，对防止事故的进一步扩大，减少人员伤亡和财产损失意义重大；三是专业化的应急救援组织是保证对事故及时进行专业救援的前提条件，会有效避免事故施救过程中的盲目性，减少事故救援过程中的伤亡和损失，降低生产安全事故的救援成本。

1．事故应急救援制度的要求

安全生产法律法规对生产安全事故的应急救援作了明确而具体的规定。归纳其要点，有以下几方面的要求：

①县级以上地方各级人民政府应当组织有关部门制定本行政区域内特大生产安全事故的应急救援预案；

②县级以上地方各级人民政府负责建立特大生产安全事故的应急救援体系；

③危险物品的生产、经营、储存单位以及矿山、建筑施工单位应当建立应急救援组织；单位生产经营规模较小时，也可以不建立应急救援组织，但应当指定兼职的应急救援人员。

2．生产安全事故的调查处理制度

生产安全事故的调查处理工作是一个极其严肃的问题，必须认真对待，真正查明事故原因，才能明确责任、吸取教训，进而避免事故的重复发生。为此，安全生产法律法规对生产安全事故的调查处理规定了以下六个主要方面的内容：

①事故调查处理的原则：及时准确、客观公正、实事求是、尊重科学。

②事故的具体调查处理必须坚持"四不放过"：事故原因和性质不清楚不放过；防范措施不落实不放过；事故责任者和职工群众未受到教育不放过；事故责任者未受到处理不放过。

③事故调查组的组成：事故调查组的组成因伤亡事故等级不同而由不同的单位、部门的人员组成。

④事故调查组的职责和权利。

⑤生产安全事故的结案。

⑥生产安全事故的统计和公布。

（四）事故责任追究制度

依法严肃追究生产安全事故有关责任人员的法律责任，对于惩罚教育责任者本人，促使有关人员提高责任心，保证有关安全生产的法律、法规得到遵守，保障安全生产，具有十分重要的意义。因此《安全生产法》明确规定：国家实行生产安全事故责任追究制度。这是第一次以法律的形式宣布实行生产安全事故责任追究制度。这就意味着，任何生产安全事故的责任人都必须受到相应的责任追究。在实施责任追究制度时，必须贯彻“责任面前人人平等”的精神，坚决克服因人施罚的思想。无论什么人。只要违反了安全生产管理制度，造成了生产安全事故，就必须坚决予以追究，绝不姑息迁就，不了了之。

生产安全事故责任人员，既包括生产经营单位中对造成事故负有直接责任的人员，也包括生产经营单位中对安全生产负有领导责任的单位负责人，还包括有关人民政府及其有关部门对生产安全事故的发生负有领导责任或者有失职、渎职情形的有关人员。

正确贯彻这一制度应当注意以下三个问题：

①客观上必须有生产安全事故的发生。有无生产安全事故的发生是追究有关责任人法律责任的前提，如果离开了这一前提，责任追究将无从谈起。事故是否发生或者是否构成安全事故，国家已有明确的规定。在判定生产安全事故时，必须依法办事，要客观公正，实事求是，不得主观臆断。

②承担责任的主体必须是事故责任人。分清事故责任，确定事故责任人，是追究法律责任的前提。这就要求，必须在事故的基础上，结合每个单位、每个人员的岗位和职责，对事故责任加以认真分析判断，寻找出真正的事故责任人，使其受到应有的法律追究。凡是对生产安全事故负有责任的人员都必须承担责任；反之，就不应承担责任。这是“责任自负”的法制原则在责任追究制度中的具体体现。

③必须依法追究责任。责任追究制度的关键在于责任的落实和追究。当然，强调追究责任的重要性并不等于可以任意追究责任，想追究谁的责任就追究谁的责任，想追究什么责任就追究什么责任。相反，追究责任必须依法进行。目前，关于追究生产安全事故责任的法律、行政法规，除《安全生产法》外，还包括《煤炭法》、《矿山安全法》、《海上交通安全法》、《建筑法》、《煤矿安全监察条例》、《特种设备安全监察条例》、《危险化学品安全管理条例》、《安全生产违法行为行政处罚办法》以及《国务院关于特大安全事故行政责任追究的规定》等。此外，一些地方性法规和规章也对责任追究作了相应的规定。在法律责任种类上，不仅包括行政责任，而且包括民事责任和刑事责任。在追究有关责任人员的责任时，必须严格按照法律、法规规定的程序、责任的种类和处罚幅度执行，该重则重，该轻则轻。

（五）特种作业人员持证上岗制度

针对特种作业的特殊性，安全生产法律法规对特种作业人员的上岗条件作了详细而明确的规定，特种作业人员必须持证上岗。

1．基本条件

基本条件主要有三个：①年龄满 18 周岁；②初中以上文化程度；③身体健康，双目裸视力在 4.8 以上，且矫正视力在 5.0 以上，无高血压、心脏病、癫痫病、眩晕症等妨碍本作业的其他疾病及生理缺陷。

2．技术要求

①所有从事焊接与切割的作业人员都应具备以下实际操作技能：能够正确佩戴和使用个人劳动防护用品；熟练检查焊接与切割设备保护性接零（地）线；熟练操作焊接及其辅助设备；熟练进行焊接与切割作业烟尘、有毒气体、射线等的现场防护操作；能够在焊接与切割作业前后对工作场地及周围环境进行安全性检查并排除不安全因素；熟练选择和使用消防器材。

②气焊与切割作业人员还应具备以下实际操作能力：熟练操作氧气瓶、溶解乙炔瓶和液化石油气瓶；能够安全操作、正确维护乙炔发生器；熟练使用焊炬、割炬、回火防止器、减压器、胶管等附件；能够对气焊、气割中有关爆炸、火灾、烧伤与烫伤和中毒事故采取相应的预防措施；能够用氧、乙炔或液化石油气对常用金属材料进行安全焊割操作；能根据工件情况选用焊炬或割炬并会对气体火焰及有关参数进行调整。

③焊条电弧焊与碳弧气刨作业人员还应做到以下技术要求：熟练操作常用的交流与直流焊条电弧焊设备和碳弧气刨设备；能够对焊条电弧焊与碳弧气刨中有关触电、烧伤、烫伤、中毒、爆炸及火灾事故采取相应的预防措施；熟练操作主要板-板、管-管或管-板等不同接头形式和 V 形、U 形等不同坡口形式及平焊、立焊、横焊等不同位置的焊条电弧焊；熟练操作碳弧气刨。

④埋弧焊作业人员还应做到以下技术要求：能够辨识埋弧焊设备的主要组成部分；能够对埋弧焊的触电、机械伤害等事故的发生采取相应的预防措施；熟练进行常用低合金钢板-板对接埋弧焊操作，其中包括对焊接参数及设备进行调整；熟练进行常用低合金钢管-管对接水平转动埋弧焊操作。

⑤气体保护电弧焊作业人员还应具备以下实际操作技能：能够辨识钨极氩弧焊、二氧化碳气体保护焊、富氩混合气体保护焊所用设备的主要组成部分；高频损伤及放射性损伤等伤害采取相应的预防措施；熟练进行低合金钢板-板及管-管的钨极氩弧焊打底与焊接操作或熟练进行低合金钢板-板及管-管的二氧化碳气体保护焊或富氩混合气体保护焊。

⑥电阻焊作业操作人员还应做到以下技术要求：能够辨识点焊、凸焊、缝焊、对焊所用设备的主要组成部分；能够对电阻焊中有关触电、机械伤害采取相应的预防措施；熟练进行点焊、凸焊、缝焊、对焊操作。

⑦钎焊作业操作人员应同时具备以下实际操作技能：能够辨识火焰钎焊、炉中钎焊、感应钎焊及浸沾钎焊所用设备的主要组成部分；能够对钎焊中有关触电、烧伤、中毒、爆炸及火灾事故采取相应的预防措施；熟练进行火焰钎焊、炉中钎焊、感应钎焊及浸沾钎焊操作。

对于高频焊、摩擦焊、扩散焊、爆炸焊、冷压焊、超声波焊、旋转电弧焊、电渣焊、铝热焊、激光焊接与切割、电子束焊、等离子焊接与切割等其他项目的焊接与切割作业人员，还应结合本岗位情况，增加与该操作项目相应的考核内容。具体内容由各省、自治区、直辖市安全监督部门确定。

3．培训与考核

《特种设备安全监察条例》规定：特种设备使用单位应当对特种设备作业人员进行特种设备安全教育和培训，保证特种设备作业人员具备必需的特种设备安全作业知识。《特种设备作业人员监督管理办法》也规定：用人单位应当加强作业人员安全教育和培训，保证特种设备作业人员具备必要的特种设备安全作业知识、作业技能并及时进行知识更新。没有培训能力的，可以委托发证部门组织进行培训。

特种作业人员，必须积极主动参加培训与考核，既是法律法规规定的，也是自身工作、生产及生命安全的需要。

第三节　特种作业人员安全生产职业规范与岗位职责

安全生产职业规范与职业首先是密切联系的。每个从业人员，不论从事哪种职业，在职业活动中都应该遵守基本的职业道德。对于特种作业人员，由于其本身工作的特殊性与危险性，严格按照岗位责任职责的要求做好本职工作，是遵守职业道德的起码要求。

一、基本职业道德要求

（一）爱岗、尽责

爱岗就是热爱自己的岗位，热爱自己的职业。只要长期从事某一项职业，其职业特点就会和人的行为习惯慢慢融为一体，形成职业习惯。例如一名有过军旅生涯的人举手投足间会流露出刚毅果断的阳刚之气；一名厨师总喜欢评价饭菜的味道；甚至一名擦皮鞋的从业者看见别人的皮鞋脏也会手痒。这说明每个人对自己从事的职业久而久之会形成某种程度的热爱情感。三百六十行，不管从事哪种职业，只要倾注自己的全部情感，全力以赴，持续努力，都有可能做出突出成绩，成为业界精英。

爱岗与尽责是统一的。尽责就是按照岗位的职业道德要求尽职尽责地完成自己的工作任务。爱岗不仅表现在情感上、语言上，更应该表现在工作过程中。对自己所承担的工作，加工的产品认真负责，一丝不苟，这就是尽责。每个恪守职业道德的人应当明白，合格产品是生产出来的，不是检查出来的。检查不过是别人要履行的一道程序，自己应该用免检的标准要求自己。一个企业里达到这种免检思想境界的职工越多，企业的信誉度就会越高。

尽责应当是一种自觉行为，它不需要领导检查，也不需要同伴监督，甚至不需要考虑事后的评价或报酬。它只是干一行爱一行，干一件事就要求自己必须有始有终，追求尽善尽美的思想道德境界。具备这种职业道德的人，不管遇到什么困难，都有一股子韧劲，不达目的绝不罢休。

（二）文明、守则

过去人们提到“文明”二字，往往认为是举止文雅，说话轻声细语，和工人劳动好像沾不上边。其实这种认识是片面的，文明是一种内在的品质，它表现在各个方面，工作、劳动中更能体现一个人的文明程度。工人也应该讲文明，没有文明的工人就不会有文明的工厂；没有高素质的工人就生产不出高质量的产品。这并不难理解，关键是如何做，如何养成。

在我国，文明工厂、文明车间活动的推广已收到了明显的成效。但是文明工人、文明作业、文明现场的要求还没有得到充分的重视。实际上后者更为重要。因为后者是基础，基础工作做好了，文明车间、文明工厂是水到渠成的事。企业因此也能够长期受益。所以培养工人的文明道德观念应作为一项教育内容，常抓不懈。

文明与守则也是统一的。守则指遵守上下班制度，遵守操作规程等。现代社会要求人们不管以前熟不熟悉，都要互相协作，遵守必要的规则。唯有如此，生产才能顺利进行，生活才能和谐有序。作为一个特种作业人员应当自觉克服自由散漫的小农生活意识，严格按制度、规程办事。否则，就不能成为一个合格的现代工人。

二、特种作业人员应当具备的职业道德

特种作业人员由于岗位的特殊性，理应在职业道德水准方面有更高的要求，具体内容如下：

（一）安全为公的道德观念

特种作业不仅对操作者本人有较大危险，对周围的人和物都有较大危险。例如电工作业、起重作业、爆破作业等。一旦发生事故，殃及的人和财物一是范围广，二是损害大。所以，每个特种作业人员不仅要保证自身的安全，还要有“安全为大家”的道德观念，应该意识到自己的安全责任比别人更重，要求也应该更严。始终要牢记：一人把好关，大家得安全。这就是安全为公的道德观念。大家常说：安全为天。如何理解这个“天”字？作为一个特种作业人员应当把“天”理解为一个人承托着两重重大安全责任：一个是别人的（包括国家、集体财产）生命财产安全；一个是自己的生命财产安全。

（二）精益求精的道德观念

产品性能是否安全可靠，与加工质量、操作精度密切相关。一个特种作业人员对自己加工的产品质量上、精度上应有更高的要求标准。特种作业的“特”字，不仅“特”在工作性质上，也应该“特”在工作要求上。精益求精是每一个特种作业人员应有的工作态度和道德观念。

（三）好学上进的道德观念

好学上进、勇于钻研，是特种作业人员应当具备的又一道德品质。由于特种作业多具有危险性、重要性和复杂性的特点，在挑选人员时需要提高素质标准。但仅如此还不够，为了保证长期胜任本职工作，特种作业人员还必须好学习、善钻研。通过学习，一方面尽

快掌握现有的设备、技术，为保证生产安全打下坚实的基础；另一方面在允许的条件下，还可以自己进一步改进设备，使其达到本质安全型设备的要求。所以，作为一名特种作业人员，应当争取做工人中的“灰领”（在技术、能力等级上达到较高层次，属工人阶层中的精英），实现更高的人生价值，为企业、为国家作出更多的贡献。

三、特种作业人员安全生产岗位职责

建立和健全以安全生产责任制为中心的各项安全管理制度，是保障安全生产的重要手段。特种作业人员安全生产职责主要内容如下：

①认真执行有关安全生产规定，对所从事工作的安全生产负直接责任；

②各岗位专业人员，必须熟悉本岗位全部设备和系统，掌握构造原理、运行方式和特性；

③在值班、作业中严格遵守安全操作的有关规定，并认真落实安全生产防范措施，不准违章作业，发现违章作业应制止，对违章作业的领导要提出意见，并向有关领导或部门反映；

④严格遵守劳动纪律，不迟到、不早退，提前进岗做好班前准备工作，值班中未经批准，不得擅自离开工作岗位；

⑤工作中不做与工作任务无关的事情，不准擅自乱动与自己工作无关的机具设备和车辆；

⑥经常检查作业环境及各种设备、设施的安全状态，保证运行、备用、检修设备的安全，发现问题及各种设备设施技术状况是否符合安全要求，设备发生异常和缺陷时，应立即进行处理并及时联系汇报，不得让事态扩大；

⑦定期参加班组或有关部门组织的安全学习，参加安全教育活动，接受安全部门或人员的安全监督检查，积极参与解决不安全问题；

⑧发生因工伤亡及未遂事故要保护现场，立即上报，主动积极参加抢险救援。

除了明确岗位职责外，还应该加强监督检查考核，以便促使岗位职责的落实，促进安全生产。

习 题

1. 从业人员的安全生产权利和义务有哪些？
2. 特种作业人员应当具备的职业道德观念有哪些？
3. 结合自己的工作岗位，简要谈谈特种作业人员如何遵守岗位职责。

第二章
金属焊接与切割的基本知识

第一节　基本原理

在金属结构及其他机械产品的制造中常需将2个或2个以上的零件按一定的形式和尺寸联接在一起，这种联接通常分为两大类，一类是可拆卸的联接，就是不必损坏被联接件本身就可以将它们分开、如螺栓联接等，见图 2-1。另一类联接是永久性联接，即必须在毁坏零件后才能拆卸，如焊接，见图 2-2。

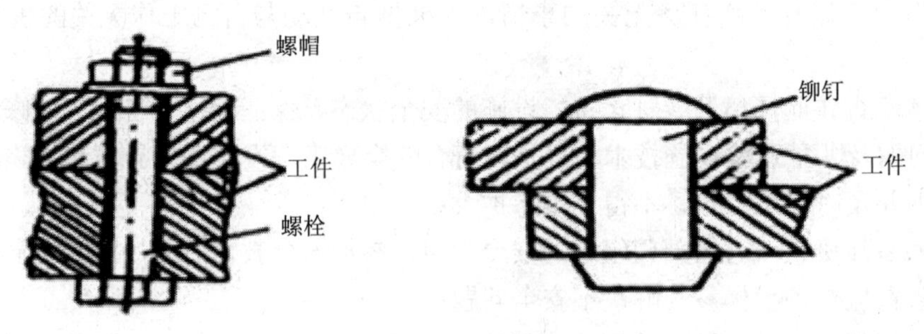

图 2-1　可拆卸的联接

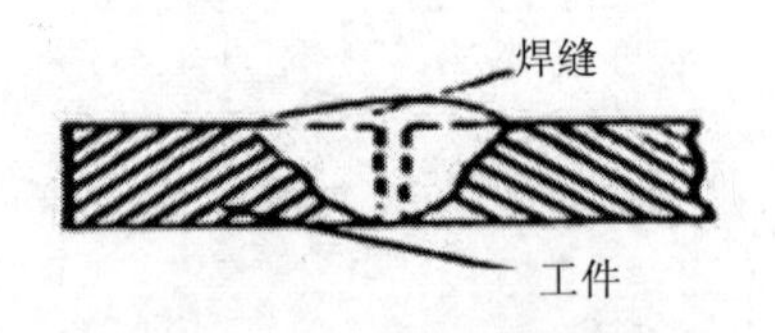

图 2-2　永久性联接

焊接就是通过加热或加压，或两者并用，并且使用或不用填充材料，使工件达到结合的方法。

为了获得牢固的结合，在焊接过程中必须使被焊件彼此接近到原子间的力能够相互作用的程度。为此，在焊接过程中，必须对需要结合的地方通过加热使之熔化，或者通过加压（或者先加热到塑性状态后再加压），使之造成原子或分子间的结合与扩散，从而达到不可拆卸的联接。

第二节 焊接与切割的发展与应用情况

一、焊接与切割的发展情况

早在一千多年前，我国劳动人民就已采用了焊接技术。古书上有这样的记载："凡钎铁之法……小钎用铜末，大钎则竭力槌而强合之……"。这说明当时我国已掌握了用铜钎接和锻焊来连接铁类金属的技术，在古老的焊接技术发展史上留下了光辉的一页，这说明我国是一个具有悠久焊接历史的国家。

近代焊接技术，是从 1882 年出现碳弧焊开始，直到 20 世纪 30 年代，在生产上还只是采用气焊和手工电弧焊等简单的焊接方法。由于焊接具有节省金属，生产率高，产品质量好和大大改善劳动条件等优点，所以在近半个多世纪内得到极为迅速的发展。40 年代初期出现了优质电焊条，使长期以来人们所怀疑的焊接技术得到了一次飞跃。40 年代后期，由于埋弧焊和电阻焊的应用，使焊接过程的机械化和自动化成为现实。50 年代的电渣焊、各种气体保护焊、超声波焊，60 年代的等离子弧焊、电子束焊、激光焊等先进焊接方法的不断涌现，使焊接技术达到了一个新的水平。近年来对能量束焊接、太阳能焊接、冷压焊等新的焊接方法也开始研究，尤其是在焊接工艺自动控制方面有了很大的发展，采用电子计算机控制可以获得较好的焊接质量和较高的生产率。采用工业电视监视焊接过程，便于遥控，有助于实现焊接自动化。在焊接生产中采用了工业机器人，使焊接工艺自动化达到一个更新的阶段，使人不能达到的那些地方能够用机器人进行焊接，既安全又可靠，特别是在原子能工业中更有其发展的前景。

1949 年以前，我国焊接技术水平很低，只有少量的手弧焊和气焊，只用于修理工作。焊接材料和焊接设备全部依靠国外进口。焊工人数不多，更没有培养焊接技术人才的高等和中等技术学校。

新中国成立后，在中国共产党的领导下我国取得了社会主义建设的伟大胜利，焊接技术也得到迅速发展，已作为一种基本工艺方法应用在船舶、车辆、航空、锅炉、电机、冶炼设备、石油化工机械、矿山机械、起重机械、建筑及国防等各个部门，并成功地焊接了不少重大产品，如 12 000 t 水压机、30 万 kW 双水内冷气轮发电机组、大型球形容器、万吨级远洋考察船"远望"号、原子反应堆、人造卫星。

改革开放后，焊接技术更是广泛应用在我国的重点工程项目建设上，如三峡水利枢组的水电装备就是一套庞大的焊接系统，包括导水管、蜗壳、转轮、大轴、发电机机座等，其中马氏体不锈钢转轮直径 10.7 m、高 5.4 m、重 440 t，为世界最大的铸-焊结构转轮。该转轮由上冠、下环和 13 或 15 个叶片焊接而成，每个转轮的焊接需要用 12 t 焊丝，耗时 4 个多月。神舟六号飞船的成功发射与回收，标志着中国航天事业的巨大进步，其中两名航天员活动的返回舱和轨道舱都是铝合金的焊接结构，而焊接接头的气密性和变形控制是焊接制造的关键。2005 年年底由第一重型机械集团为神华公司制造的中国第一个煤直接液化装置的加氢反应器，直径 5.5 m、长 62 m、厚 337 mm、重 2 060 t，为当今世界最大、最重的锻-焊结构加氢反应器，采用国内自主知识产权的全自动双丝窄间隙埋弧焊技术，每条环焊缝需连续焊接 5 天。西气东输的管线长 4 000 km，是中国第一条高强钢（X70）大直径长输管线，所用的螺旋钢管和直缝钢管全部是板-焊形式的焊接管。北京奥运会主会场“鸟巢”也采用了大量的钢焊接结构，其建筑顶面呈鞍形，长轴为 332.3 m，短轴为 296.4 m，最高点高度为 68.5 m，最低点高度为 42.8 m。大跨度屋盖支撑在 24 根桁架柱之上，柱距为 37.96 m。主桁架围绕屋盖中间的开口放射形布置，有 22 榀主桁架直通或接近直通。钢结构大量采用由钢板焊接而成的箱形构件，交叉布置的主桁架与屋面及立面的次结构一起形成了“鸟巢”的特殊建筑造型。

图 2-3　北京奥运会“鸟巢”全景

各种新工艺、新焊接设备、新焊接方法如多丝埋弧焊、单丝或双丝窄间隙埋弧焊、窄间隙气体保护全位置焊、水下二氧化碳半自动焊、全位置脉冲等离子弧焊、精细等离子弧切割、异种金属的摩擦焊、数控切割系统、搅拌摩擦焊、双丝脉冲气体保护焊、电子束焊接、激光焊接、激光钎焊和激光切割、激光与电弧复合热源焊接、水射流切割、机器人焊接系统、焊接柔性生产线（W-FMS）、变极性焊接电源、表面张力过渡焊接电源（STT）和全数字化焊接电源等新焊接手段已在许多工厂中应用。并且已建立了锅炉省煤器、过热器蛇形管摩擦焊、汽车车体电阻点焊和车轮气体保护焊等焊接生产自动线。设计制造了成百种焊接设备，如 20 000W 储能点焊机、150 kV 200 mA 真空电子束焊机、120W 激光焊机等。生产了几百种焊条、焊丝、焊剂等焊接材料。为了培养焊接技术人才和发展焊接科学技术，先后在许多高等和中等技术学院设置了焊接专业，并建立了焊接研究所和电焊机研究所，为建立一支宏大的焊接技术队伍创造了有利条件。

目前，我国的焊接科学技术已取得了很大的发展，但是和世界先进水平相比，仍然存在着一定差距。我们必须树雄心，立壮志，更加刻苦地学习，更加努力地工作，不断攀登焊接技术的新高峰，为使我国在 2020 年实现小康社会的宏伟目标而努力奋斗。

二、焊接与切割的应用情况

焊接是一种应用范围很广的金属加工方法，与其他热加工方法相比，它具有生产周期短、成本低，结构设计灵活，用材合理及能够以小拼大等一系列优点，从而在工业生产中得到了广泛的应用。如造船、电力、汽车、石油化工、桥梁、机械、核电、航空航天、国防等行业中，焊接已成为不可缺少的加工手段。在世界主要的工业国家里每年钢产量的

45%左右要用于生产焊接结构。在制造一辆小轿车时，需要焊接 5 000～12000 个焊点，一艘 30 万 t 油轮要焊 1 000 km 长的焊缝，一架飞机的焊点多达 20 万～30 万个。此外，随着工业的发展，被焊接的材料种类也愈来愈多，除了普通的材料外，还有如超高强钢、活性金属、难熔金属以及各种非金属的焊接。同时，由于各类产品日益向着高参数（高温、高压、高寿命）、大型化方向发展，焊接结构越来越复杂，焊接工作量越来越大，这对于焊接生产的质量，效率等提出了更高的要求。同时也推动了焊接技术的飞速发展，使它在工业生产中的应用更为广阔。

第三节　焊接与切割方法的分类

一、焊接方法及分类

焊接是通过加热或加压，或两者并用，并且用（或不用）填充材料，使焊件达到原子结合的一种加工方法。

按照焊接过程中金属所处的状态不同，可以把焊接方法分为熔焊、压焊和钎焊三类。

熔焊是在焊接过程中，将焊件接头加热至熔化状态，不加压完成焊接的方法。在加热的条件下，增强了金属的原子动能，促进原子间的相互扩散，当被焊金属加热至熔化状态形成液态熔池时，原子之间可以充分扩散和紧密接触，因此冷却凝固后，即可形成牢固的焊接接头。常见的气焊、电弧焊、电渣焊、气体保护电弧焊等都属于熔焊的方法。

压焊是在焊接过程中，必须对焊件施加压力（加热或不加热），以完成焊接的方法。这类焊接有两种形式，一是将被焊金属接触部分加热至塑性状态或局部熔化状态，然后施加一定的压力，以使金属原子间相互结合形成牢固的焊接接头，如锻焊、接触焊、摩擦焊和气压焊等就是这种类型的压焊方法。二是不进行加热，仅在被焊金属的接触面上施加足够大的压力，借助于压力引起的塑性变形，以使原子间相互接近而获得牢固的挤压接头，这种压焊的方法有冷压焊、爆炸焊等。

钎焊是采用比母材熔点低的金属材料，将焊件和钎料加热到高于钎料熔点，低于母材熔点的温度，利用液态钎料润湿母材，填充接头间隙并与母材相互扩散实现联接焊件的方法。常见的钎焊方法烙铁钎焊、火焰钎焊等。

目前焊接方法的分类如图 2-4 所示。

二、切割方法及分类

按照金属切割过程中加热方法的不同大致可以把切割方法分为火焰切割、电弧切割和冷切割 3 类。

（一）火焰切割

火焰切割方法中最常见的是气割。

气割（即氧-乙炔切割）的原理是利用氧-乙炔预热火焰使割缝金属在纯氧气流中能够剧烈燃烧，生成熔渣和放出大量热量的原理而进行的。其他气割方法还有：液化石油气切割，氢氧源切割，氧熔剂切割，氧-天然气切割，氧-汽油气切割等。

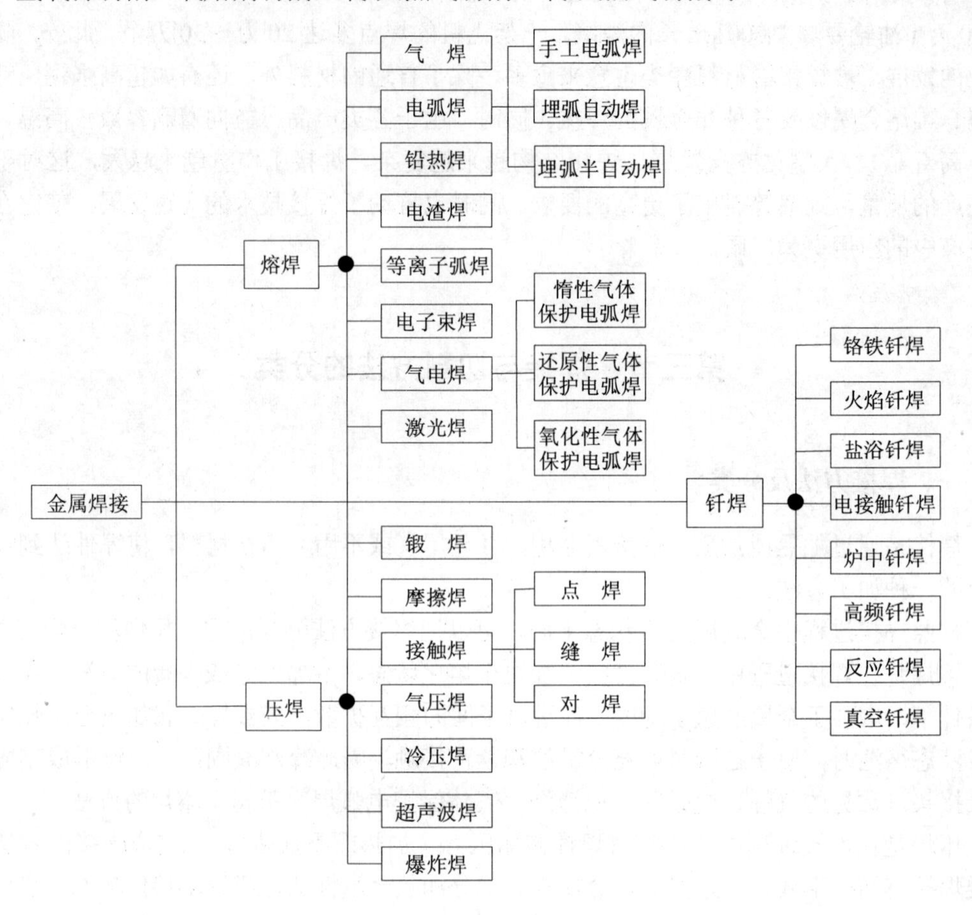

图 2-4 焊接方法的分类

（二）电弧切割

电弧切割按生成电弧的不同可分为：

1．等离子弧切割

等离子弧切割是利用高温高速的强劲等离子射流，将被切割金属局部熔化并随即吹除，形成狭窄的切口而完成切割的方法。

2．碳弧气割

碳弧气割是使用碳棒与工件之间产生的电弧将金属熔化，并用压缩空气将其吹掉，实现切割的方法。

（三）冷切割

切割后工件相对变形小的切割方法，有：

1．激光切割

激光切割是利用激光束材料穿透，并使激光束移动而实现切割的方法。

2. 水射流切割

水射流切割是利用高压换能泵产生出200～4 000MPa的高压水的水束动能，来实现材料切割的方法。

习 题

1. 什么叫焊接？什么叫熔焊？
2. 金属焊接方法有哪些？
3. 金属的切割方法有哪些？

第三章

气焊与气割安全技术

气焊与气割是金属材料加工的主要方法之一。它具有设备简单、操作方便、质量可靠、成本低、实用性强等特点。因此，在各工业部门中，特别是在机械、锅炉、压力容器、管道、电力、造船及金属结构方面，得到了广泛应用。

气焊与气割是利用可燃气体与助燃气体混合燃烧所释放出的热量作热源进行金属材料的焊接或切割的。可燃气体的种类很多，例如，乙炔气、氢气、天然气、液化石油气、汽油气等。但目前最普遍的是乙炔气，其次是液化石油气。由于乙炔气与氧气混合燃烧产生的温度最高（可达 3 000℃以上），所以是目前气焊、气割中应用最广的一种可燃气体。因此生产中，常常利用乙炔气和氧气混合燃烧产生的热能对钢材进行下料及坡口准备地，焊接薄钢板及低熔点材料（有色金属及其合金），进行钎焊及构件变形的火焰矫正等。

第一节　气焊与气割用材料

一、氧气

（一）氧气的性质

在常温、常压下氧是气态的，氧气的分子式为 O_2。氧气是一种无色、无味、无毒的气体，在标准状态下（0℃，0.1MPa）氧气的密度是 1.429 kg/m^3 比空气略重（空气为 1.293 kg/m^3）。当温度降到–183℃时，氧气由气态变成淡蓝色的液体。当温度降到–218℃时，液态氧就会变成淡蓝色的固体。

氧气本身不能燃烧，但能帮助其他可燃物质燃烧。氧气的化学性质极为活泼，它几乎能与自然界一切元素（除隋性气体外）相化合，这种化合作用称为氧化反应，剧烈的氧化反应称为燃烧。氧气的化合能力是随着压力的加大和温度的升高而增强。因此当工业中常用的高压氧气，如要与油脂等易燃物质相接触时，就会发生剧烈的氧化反应而使易燃物自行燃烧，这样在高压和高温作用下，促使氧化反应更加剧烈从而引起爆炸。因此在使用氧气时，切不可使氧气瓶瓶阀、氧气减压器、焊炬、割炬、氧气皮管等沾染上油脂。

（二）对氧气纯度的要求

氧气的纯度对气焊与气割的质量、生产率以及氧气本身的消耗量都有直接影响。气焊与气割对氧气的要求是纯度越高越好，氧气纯度越高，工作质量和生产效率越高，而氧气的消耗量却大为降低。

气焊与气割用的工业用氧气一般分为两级，见表 3-1。

表 3-1 气焊和气割用的氧气指标

名　称	指　标	
	一级品	二级品
氧气（O_2）含量/%	≥99.2	≥98.5
水分（H_2O）含量/（mL/瓶）	≤10	≤10

一般情况下，由氧气厂和氧气站供应的氧气可以满足气焊和气割的要求。对质量要求较高的气焊应采用一级纯度的氧。气割时，氧气纯度不应低于 98.5%。

二、乙炔

乙炔是由电石和水相互作用分解而得到的，电石是钙和碳的化合物碳化钙（CaC_2）在空气中易潮化。

电石与水发生反应，生成气态乙炔和熟石灰，并析出大量的热，其化学反应式如下：

$$CaC_2+2H_2O = C_2H_2+Ca(OH)_2+127\times 10^3 J/mol \tag{3-1}$$

乙炔是一种无色而带有特殊臭味的碳氢化合物，其分子式为 C_2H_2。在标准状态下密度是 1.179kg/m^3，比空气轻。

乙炔是可燃性气体，它与空气混合燃烧时所产生的火焰温度为 2 350℃，而与氧气混合燃烧时所产生的火焰温度为 3 000～3 300℃，因此足以迅速熔化金属进行焊接和切割。

乙炔是一种具有爆炸性的危险气体之一。当压力在 0.15MPa 时，如果气体温度达到 580～600℃，乙炔就会自动爆炸，当压力越高，乙炔自行爆炸所需的温度就越低，当温度越高，则乙炔自行爆炸的压力就越低。乙炔与空气或氧气混合而成的气体也具有爆炸性，乙炔的含量（按体积计算）在 2.2%～81%范围内与空气形成的混合气体，以及乙炔的含量（按体积计算）在 2.8%～93%范围内与氧气形成的混合气体，只要遇到火星就会立刻爆炸。因此，刚装入电石的乙炔发生器应首先将混有空气的乙炔排出后才可使用。加装电石时应特别注意避开明火与火星。并应严防氧气倒入乙炔发生器中。

乙炔与铜或银长期接触后会生成一种爆炸性的化合物，即乙炔铜（Cu_2C_2）和乙炔银（Ag_2C_2），当它们受到剧烈震动或者加热到 110～120℃时就会引起爆炸。所以凡是与乙炔接触的器具设备禁止用银或纯铜制造，只准用含铜量不超过 70%的铜合金制造。乙炔和氯、次氯酸盐等化合会发生燃烧和爆炸，所以乙炔燃烧时，绝对禁止用四氯化碳来灭火。

乙炔爆炸时会产生高热，特别是产生高压气浪，其破坏力很强，因此使用乙炔必须要注意安全。若将乙炔储在毛细管中，其爆炸性就大大降低。即使压力增高到 2.7MPa 也不会爆炸。另外，乙炔能大量溶解于丙酮溶液中，这样我们就可以利用乙炔的这个特性，将乙炔装入乙炔瓶内（瓶内装有丙酮溶液和活性炭）储存、运输和使用。

三、液化石油气

液化石油气是油田开发或炼油厂裂化石油的副产品，其主要成分是：丙烷（C_3H_8）、丁烷（C_4H_{10}）、丙烯（C_3H_6）、丁烯（C_4H_8）和少量的乙烷（C_2H_6）、戊烷（C_5H_{12}）等碳氢化合物。液化石油气热值高（发热量为 88 616×10^3J/m^3，乙炔为 52 668×10^3J/m^3），价格低廉，用它来代替乙炔进行金属切割和焊接，具有较大的经济意义。

液化石油气的主要性质如下：

①在常温常压下，组成液化石油气的碳氢化合物以气态存在。如果加上 0.8～1.5MPa 的压力，就变成液态，便于装入瓶中储存和运输。

工业上一般都使用液体状态的石油气。液化石油气在气态时，是一种略带臭味的无色气体。在标准状态下，石油气的密度为 1.8～2.5 kg/m^3，比空气略重。

②液化石油气与乙炔一样，也能与空气或氧气构成具有爆炸性的混合气体，但具有爆炸危险的混合比值范围比乙炔小得多。它在空气中的爆炸范围为 3.5%～16.3%（体积），同时由于燃点比乙炔高（500℃左右，乙炔为 305℃），因此，使用时比乙炔安全。

③液化石油气达到完全燃烧所需的氧气量比乙炔所需的氧气量大。因此，采用液化石油气代替乙炔气后，耗氧量要多些。对割炬的结构也应做相应的改造。

④液化石油气的火焰温度比乙炔的火焰温度低，如液化石油气的主要组成物丙烷在氧气中的燃烧温度为 2 000～2 850℃。因此，用于气割时，金属的预热时间稍长。但其切割质量容易保证，割口光洁，不渗碳，质量比较好。

⑤在气割过程中，液化石油气在氧气中的燃烧速度比乙炔在氧气中的燃烧速度低，如丙烷的燃烧速度是乙炔的 1/3 左右，因此，要求割炬有较少的混合气喷出截面，以降低流出速度，保证良好的燃烧。

目前，国内外已把液化石油气作为一种新的可燃气体，广泛地应用于钢材的气割和低熔点的有色金属焊接中，如黄铜焊接、铝及铝合金的焊接及铅的焊接等。

四、特利Ⅱ气

特利Ⅱ气主要以丙烯（C_3H_6）为原料，再辅以一定比例的添加剂，经过物理混合而成。是金属切割、加热、焊接的一种新型气体，可以用来代替溶解乙炔。特利Ⅱ气与溶解乙炔相比有如下特点：

①特利Ⅱ气的单瓶充装量是乙炔的 2.5～3 倍，增加了气瓶的使用周期。

②特利Ⅱ气在空气中爆炸极限为 2.4%～10.5%，而溶解乙炔则是 2.2%～81.0%，所以较乙炔安全、无分解爆炸危险。

③在使用过程中，特利Ⅱ气不发生逆火。

④特利Ⅱ气切割精度比溶解乙炔高，割缝较光滑，而且在切割过程中没有熔渣回跳引起的灭火及回火引起的工作中断。

⑤特利Ⅱ气在使用过程中对环境无污染，对人体也无害。

使用特利Ⅱ气的主要缺点是：预热时间稍长。

五、气焊丝

（一）对焊丝的要求

在气焊过程中，气焊丝的正确选用十分重要，因为焊缝金属的化学成分和质量在很大程度上取决于焊丝的化学成分。一般说来，焊接黑色金属和有色金属所用焊丝的化学成分基本上是与被焊金属化学成分相同，有时为了使焊缝有较好的质量，在焊丝中也加入其他合金元素，一般对气焊丝的要求是：

①焊丝的熔点应等于或略低于被焊金属的熔点。

②焊丝所焊接的焊缝应具有良好的机械性能，焊缝内部质量好，无裂纹、气孔、夹渣等缺陷。

③焊丝的化学成分应基本上与焊件相符，无有害杂质，以保证焊缝有足够的机械性能。

④焊丝熔化时应平稳，不应有强烈的飞溅或蒸发。

⑤焊丝表面应洁净，无油脂、油漆和锈蚀等污物。

（二）常用焊丝

常用的焊丝有碳素结构钢焊丝、合金结构钢焊丝、不锈钢焊丝，他们的牌号及用途见表 3-2。铜及铜合金、铝及铝合金及铸铁气焊丝的牌号、化学成分及用途分别见表 3-3、表 3-4 和表 3-5。

表 3-2 钢焊丝的牌号及用途

<table>
<tr><th colspan="3">碳素结构钢焊丝</th><th colspan="3">合金结构钢焊丝</th><th colspan="3">不锈钢焊丝</th></tr>
<tr><th>牌号</th><th>代号</th><th>用途</th><th>牌号</th><th>代号</th><th>用途</th><th>牌号</th><th>代号</th><th>用途</th></tr>
<tr><td rowspan="2">焊 08</td><td rowspan="2">H08</td><td rowspan="2">焊接一般低碳钢结构</td><td>焊 10 锰 2</td><td>H10Mn2</td><td rowspan="2">用途与 H08Mn 相同</td><td rowspan="2">焊 00 铬 19 镍 9</td><td rowspan="2">H00Cr19Ni9</td><td rowspan="2">焊接超低碳不锈钢</td></tr>
<tr><td>焊 08 锰 2 硅</td><td>H08Mn2Si</td></tr>
<tr><td>焊 08 高</td><td>H08A</td><td>焊接较重要的低、中碳钢及某些低合金钢结构</td><td>焊 10 锰 2 钼高</td><td>H10Mn2MoA</td><td>焊接普通低合金钢</td><td>焊 0 铬 19 镍 9</td><td>H0Cr19Ni9</td><td>焊接 18-8 型不锈钢</td></tr>
<tr><td>焊 08 特</td><td>H08E</td><td>用途与 H08A 相同，工艺性能较好</td><td>焊 10 锰 2 钼钒高</td><td>H10Mn2MoVA</td><td>焊接普通低合金钢</td><td>焊 1 铬 19 镍 9</td><td>H1Cr19Ni9</td><td>焊接 18-8 型不锈钢</td></tr>
<tr><td>焊 08 锰</td><td>H08Mn</td><td>焊接较重要的碳素钢及普通低合金钢结构，如锅炉、受压容器等</td><td>焊 08 铬钼高</td><td>H08CrMoA</td><td>焊接铬钼钢等</td><td>焊 1 铬 19 镍 9 钛</td><td>H1Cr19Ni9Ti</td><td>焊接 18-8 型不锈钢</td></tr>
<tr><td>焊 08 锰高</td><td>H08MnA</td><td>用途与 H08Mn 相同，但工艺性能较好</td><td>焊 18 铬钼高</td><td>H18CrMoA</td><td>焊接结构钢，如铬钼高、铬锰硅钢等</td><td>焊 1 铬 25 镍 13</td><td>H1Cr25Ni13</td><td>焊接高强度结构钢和耐热合金钢等</td></tr>
<tr><td>焊 15 高</td><td>H15A</td><td>焊接中等强度工件</td><td>焊 18 锰 2 硅高</td><td>H18Mn2SiA</td><td>焊接铬锰硅钢</td><td rowspan="2">焊 1 铬 25 镍 20</td><td rowspan="2">H1Cr25Ni20</td><td rowspan="2">焊接高强度结构钢和耐热合金钢等</td></tr>
<tr><td>焊 15 锰</td><td>H15Mn</td><td>焊接高强度焊件</td><td>焊 10 钼铬高</td><td>H10MoCrA</td><td>焊接耐热合金钢</td></tr>
</table>

表 3-3　铜及铜合金焊丝的牌号、成分及用途

焊丝牌号	名称	主要化学成分/%	熔点/℃	用途
丝 201	特制紫铜焊丝	Sn（1.0～1.1）、Si（0.35～0.5）、Mn（0.35～0.5），其余为 Cn	1 050	紫铜的氩弧焊及气焊
丝 202	低磷铜焊丝	P（0.2～0.4），其余为 Cu	1 060	紫铜墙铁壁的气焊及碳弧焊
丝 221	锡黄铜焊丝	Cu（59～61）、Sn（0.8～1.2）、Si（0.15～0.35），其余为 Zn	890	黄铜的气焊及碳弧焊也可用于钎焊铜、钢、铜镍合金、灰铸铁以及镶嵌硬质合金刀具等，其中丝 222，流动性较好，丝 224 获得较好的机械性能
丝 222	铁黄铜焊丝	Cu（57～59）、Sn（0.7～1.0）、Si（0.05～0.15）、Fe（0.35～1.20）、Mn（0.03～0.09），其余为 Zn	860	
丝 224	硅黄铜焊丝	Cu（61～69）、Si（0.3～07），其余为 Zn	905	

表 3-4　铝及铝合金焊丝的牌号、成分及用途

焊丝牌号	名称	主要化学成分/%	熔点/℃	用途
丝 301	纯铝焊丝	A1≥99.6	660	纯铝的氩弧焊及气焊
丝 311	铝硅合金焊丝	Si（4～6），其余为 A1	580～610	焊接除铝镁合金外的铝合金
丝 321	铝锰合金焊丝	Mn（1.0～1.6），其余为 A1	643～654	铝锰合金的氩弧焊及气焊
丝 331	铝镁合金焊丝	Mg（4.7～5.7）、Mn（0.2～0.6）、Si（0.2～0.5），其余为 A1	638～660	焊接铝镁合金及铝镁合金

表 3-5　铸铁气焊丝的牌号、成分及用途

焊丝牌号	化学成分/%					用途
	碳	锰	硫	磷	硅	
丝 401-A	3～3.5	0.5～0.8	≤0.08	≤0.5	3.0～3.5	焊补灰口铸铁
丝 401-B	3～4.0	0.5～0.8	≤0.5	≤0.5	2.75～3.5	

六、气焊熔剂

气焊过程中，被加热后的熔化金属极易与周围空气中的氧或火焰中的氧化合生成氧化物，使焊缝产生气孔和夹渣等缺陷。为了防止金属的氧化以及消除已形成的氧化物，在焊接有色金属（如铜及铜合金、铝及铝合金）、铸铁以及不锈钢等材料时，通常必须采用气焊熔剂。

气焊熔剂可以在焊前直接撒在焊件坡口上，或者蘸在气焊丝上加入熔池。

（一）气焊熔剂的作用及其要求

1．气焊熔剂的作用

①气焊熔剂经过熔化反应后，能以熔渣的形式覆盖在熔池表面，使熔池与空气隔离，因而能有效地防止熔池金属的继续氧化，改善了焊缝的质量。

②气焊熔剂能与熔池内的金属氧化物或非金属夹杂物相互作用生成熔渣。

2．对气焊熔剂的要求

①气焊熔剂应具有很强的反应能力，能迅速熔解某些氧化物或与某些高熔点化合物作用后生成新的低熔点和易挥发的化合物。

②气焊熔剂熔化后黏度要小，流动性要好，产生的熔渣熔点要低，密度要小，熔化后容易浮于熔池表面。

③气焊熔剂能减少熔化金属的表面张力，使熔化的填充金属与焊件更容易熔合。

④气焊熔剂不应对焊件有腐蚀等副作用，生成的熔渣要容易清除。

（二）常用的气焊熔剂

气焊熔剂的选择要根据焊件的成分及其性能而定，常用的气焊熔剂的牌号、性能及用途见表 3-6。

表 3-6　气焊熔剂的牌号、性能及用途

熔剂牌号	代号	名称	基本性能	用途
气剂 101	CJ101	不锈钢及耐热钢气焊熔剂	熔点为 900℃，有良好的湿润作用，能防止熔化金属被氧化，焊后熔渣易清除	不锈钢及耐热钢气焊时助熔剂
气剂 201	CJ201	铸铁气焊熔剂	熔点为 650℃，呈碱性反应，具有潮解性，能有效地清除铸铁在气焊时所产生的硅酸盐和氧化物，有加速金属熔化的功能	铸铁件气焊时助熔剂
气剂 301	CJ301	铜气焊熔剂	系硼基盐类，易潮角，熔点约为 650℃，呈酸性反应，能有效地熔解氧化铜和氧化氩铜	铜及铜合金气焊时助熔剂
气剂 401	CJ401	铝气焊熔剂	熔点约为 560℃，呈酸性反应，能有效破坏氧化铝膜，因极易吸潮，在空气中能引起铝的腐蚀，焊后必须将熔渣清除干净	铝及铝合金气焊时助熔剂

第二节　气焊与气割用设备及工具

一、氧气瓶

氧气瓶是一种贮存和运输氧气用的高压容器。瓶内要灌入压力为 15MPa 的氧气，还要承受搬运时的振动、滚动和撞击等外界的作用力。因此对氧气瓶的制造质量要求严，材质要求高，出厂前必须经过严格检验，以保证合格。

氧气瓶通常是用优质碳素钢或低合金钢轧制成的无缝圆柱形容器，如图 3-1 所示。瓶体 5 的上部瓶口内壁攻有螺纹，用以旋上瓶阀 2，瓶口外部还套有瓶钳 3，用以螺装瓶帽 1，以保护瓶阀不受意外的碰撞而损伤，防振圈 4（橡胶制品）用来减轻振动冲击。瓶体壁厚为 5～8 mm。底部呈现凹面形状或套有方形底座，使气瓶直立时保持平稳。

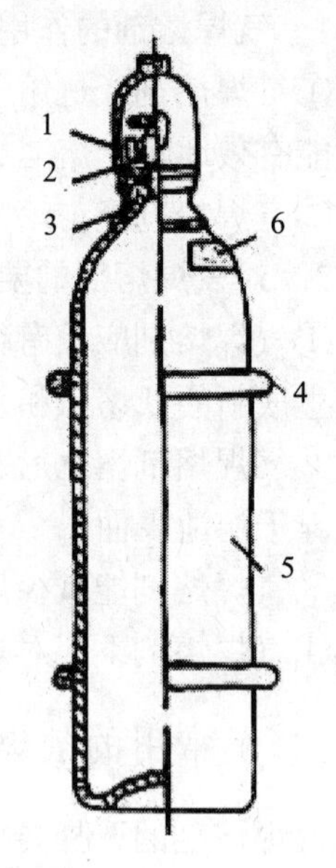

1—瓶帽；2—瓶阀；3—瓶钳；4—防振圈；5—瓶体；6—标志

图 3-1　氧气钢瓶

为了保证安全，氧气瓶在出厂前都必须经过水压试验。水压试验的压力是工作压力的 1.5 倍，试验合格后还应在氧气瓶上部的球面部分作明显的标志，标明瓶号、工作压力和检验压力、下次试压日期、检验员的钢印、工厂技术检验部门的钢印、瓶的容量和重量，制造工厂、制造年月。此外，在氧气瓶使用过程中亦必须定期作水压试验。

氧气的容量一般可用氧气瓶的容积与压力的乘积来计算：

$$V = V_2 P = 40 \times 150 \div 1\,000 = 6\,\mathrm{m}^3$$

式中：V——氧气容量，m^3；

V_2——氧气瓶容积，L（一般常用 V_2＝40L）；

P——气瓶压力（表压，满瓶压力 P＝15MPa）。

目前我国生产的氧气瓶规格见表 3-7。

氧气瓶外表面漆成天蓝色，并用黑漆写上“氧气”字样。

表 3-7　氧气瓶规格

瓶体表面漆色	工作压力/MPa	容积/L	瓶体外径/mm	瓶体高度/mm	重量/kg	水压试验压力/MPa	彩用瓶阀
天蓝	15	33 40 44	ϕ219	1 150±30 1 137±20 1 490±20	45±2 55±2 57±2	22.5	QF-2 铜阀

氧气瓶一般使用 3 年后应进行复验，复验内容有水压试验和检查瓶壁腐蚀情况。有关气瓶的容积、重量、出厂日期、制造厂名、工作压力，以及复验情况等项说明，都应在钢瓶收口处钢印中反映出来，如图 3-2、图 3-3 所示。

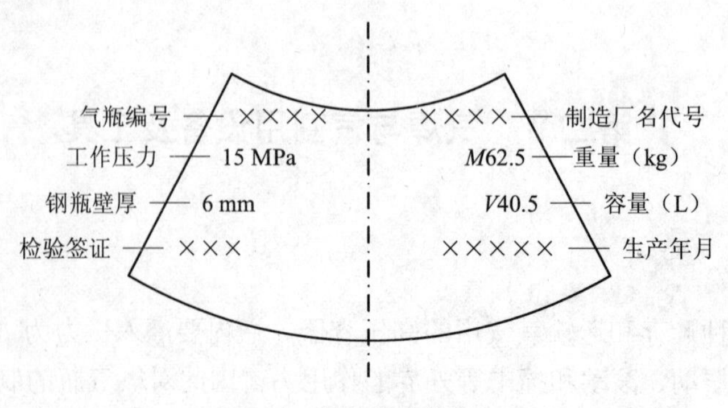

图 3-2　氧气瓶肩部标记

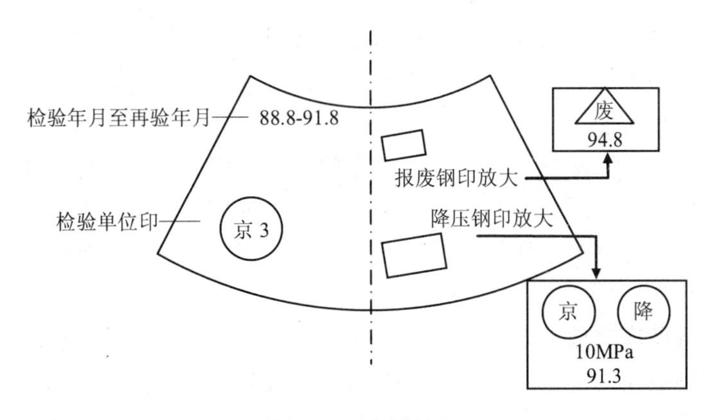

图 3-3 复验标记

目前，我国生产的氧气钢瓶规格，最常见的容积为 40L，当瓶内压力为 15MPa 表压时，该氧气瓶的氧气贮存量为 6 000L，即 6m^3。

二、乙炔瓶

（一）乙炔瓶结构

乙炔瓶是一种贮存和运输乙炔用的压力容器，见图 3-4。瓶体 4 内装着浸满丙酮的多孔性填料 5，使乙炔稳定而又安全地贮存于乙炔瓶内。使用时打开瓶阀 2，溶解于丙酮内的乙炔就分解出来，通过瓶阀流出，气瓶中的压力即逐渐下降。瓶口中心和长孔内放置过滤用的不锈钢丝网和毛毡 3（或石棉）。瓶里的填料可以采用多孔而轻质的活性炭、硅藻土、浮石、硅酸钙、石棉纤维等，目前广泛应用硅酸钙。

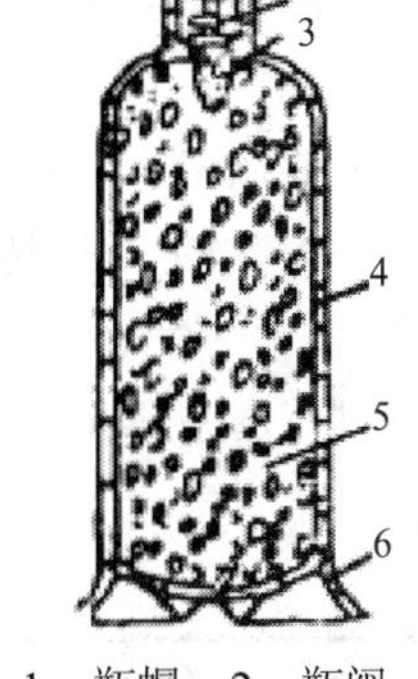

1—瓶帽；2—瓶阀；
3—毛毡；4—瓶体；
5—多孔性填料；6—瓶座

图 3-4 乙炔瓶

乙炔瓶的公称容积和直径，按表 3-8 选取。

表 3-8 乙炔瓶公称容积和直径

公称容积/L	≤25	40	50	60
公称直径/mm	200	250	250	300

乙炔瓶的设计压力为 3MPa，水压试验压力为 6MPa。乙炔瓶采用焊接气瓶，即乙炔瓶筒体及筒体与封头（圆形或椭圆形）用焊接法连接。

乙炔瓶的外表面漆白色，并标注红色的“乙炔”和“火不可近”字样。

（二）乙炔瓶安全使用

1．一般要求

①气瓶应放在环境温度不超过 40℃的地方，避免阳光直接照射。特别是高温季节，禁止在炎日下曝晒。

②气瓶不要靠近热源和电气设备；尽量远离主要通道；与明火的水平距离一般不少于 10m。

③气瓶应放在通风、没有腐蚀性介质和没有放射性射线的场所。

④不要把气瓶放在橡胶、塑料等绝缘物上，不要放在高压输电线下面，不要近靠构筑物、建筑物的承重柱旁边。

⑤严禁与液氯、氟、氟化氢等钢瓶同室存放。与氧气瓶的距离尽可能远一些。

⑥如气瓶使用地点不固定，且移动频繁，宜把气瓶装在专用小车上。车上应装有导除静电的落地铁链，但在禁火场所移位时，铁链宜提不直拖，防止摩擦火花。

2．操作要点

①使用时，气瓶应立放，要防止倾倒，瓶体不要倚靠在木板条、木柱子或有可能被加热的物件。严禁卧放使用，以避免瓶内溶剂大量随气喷出。

②必须与专用的减压器、回火防止器配套使用。紧密接装，谨防漏气。启闭阀门时，操作者应站在阀口的侧后方，动作要轻缓。

③禁止敲击，碰撞瓶体。瓶阀冻结时，严禁用火烘烤。宜用40℃以下的温水解冻。

④使用时减压器的输出压力不得超过0.15MPa；输气速度不应超过1.5～2.0 m^3/h。

⑤严禁银、铜、汞及其制品与乙炔接触，必须使用铜合金时，合金的含铜量应低于70%。

⑥瓶内乙炔不能用尽，必须留有不低于表3-9所示的剩余压力。留有剩余压力的空瓶，必须关紧瓶阀，做好空瓶标记，以便识别。

⑦焊割时，发现回火或发觉倒吸声音，应立即关闭焊割炬上的氧气阀，再关乙炔阀。稍停后，开启氧气阀，把焊割嘴内的烟灰吹掉，恢复正常使用。若输气胶管或减压器爆炸燃烧时，应立即关闭瓶阀。

表3-9　我国规定乙炔气瓶的剩余压力

环境温度/℃	＜0	0～15	15～25	25～40
剩余压力/MPa	0.05	0.1	0.2	0.3

3．发现异常情况时的处理

①如发现瓶阀、安全栓或瓶体等漏气的，应立即停用，把瓶移至安全地点妥善处理，避免火种靠近。

②当瓶阀、安全栓或瓶体因漏气而着火时，应用干粉、二氧化碳、氮气等灭火，同时用水冷却瓶壁，以防进一步发生危险。严禁使用四氯化碳灭火。

③如发现瓶壁温度异常升高时，应立即停止使用，并用大量水喷淋冷却，以防爆炸。无关人员应迅速撤离现场。

（三）定期技术检验

在役的乙炔气瓶由于重复充气，装卸运输频繁，所以瓶的壳体、附件以及内部的填料都会不同程度地受到损坏，严重的会危及安全使用。因此，对在役的乙炔气瓶必须定期进行技术检验，判别其安全状况。

根据我国规定技术检验工作，由省、市、自治区质监部门批准的乙炔充气单位或专业检验单位负责进行。检验单位的钢印代号，由省、市、自治区质监部门统一规定。

对于在役瓶的技术检验期限，初次检验一般是在气瓶服役一年后进行，此后至少每隔

3 年检验一次。检验项目有：瓶体外部检查（包括附件检查）、瓶内填料检查、筒体壁厚检测和气压试验等。

气瓶在役期间，如发现严重腐蚀、机械损伤、变形，或充气时瓶壁温度超过 40℃，充气量不正常；或对瓶内填料丙酮质量有怀疑的都必须随时进行技术检验。

乙炔气瓶安全使用要点汇总见表 3-10。

表 3-10　乙炔气瓶安全使用要点汇总

项目		安全要点
气瓶放置场所和放置方式	环境温度	一般不得超过 40℃，超过时，应采取有效的降温措施
	环境状况	严禁放置在通风不良及有放射性射线的场所，且不得放在橡胶等绝缘体上。夏季要防止曝晒
	放置方式	注意固定，防止倾倒，严禁卧放使用
	防火间距	与明火的距离一般不小于 10m（高空作业时，应是与垂直地面处的平行距离），不得近靠热源和电气设备
	配用器具	必须装设专用减压器、回火防止器
操作	瓶阀启闭	动作宜轻缓，人应站在伐口的侧后方
	使用压力（减压输出压力）	不得超过 0.15MPa
	输气流速	不应超过 1.5～2.0m³/h 瓶
	剩余压力	瓶内气体严禁用尽、必须留有不低于规定的剩余压力
	忌用物品	严禁铜、银、汞等及其制品与乙炔接触，必须使用铜合金器具时，合金含铜量应低于 70%
	瓶伐解冻	瓶伐冻结，严禁用火烘烤，必要时可用 40℃以下的温水解冻
搬运	吊装搬运	严禁使用磁起重机和链绳吊运。应使用专用夹具

三、液化石油气瓶

液化石油气瓶的外形如图 3-5 所示，一般采用 16Mn 钢、优质碳素钢等薄材材料制造，气瓶壁厚为 2.5～4mm。气瓶贮存量分别为 10kg、15kg 及 30kg 等。如果用量很大，还可制造容量为 1.5～3.5t 的大型贮罐。

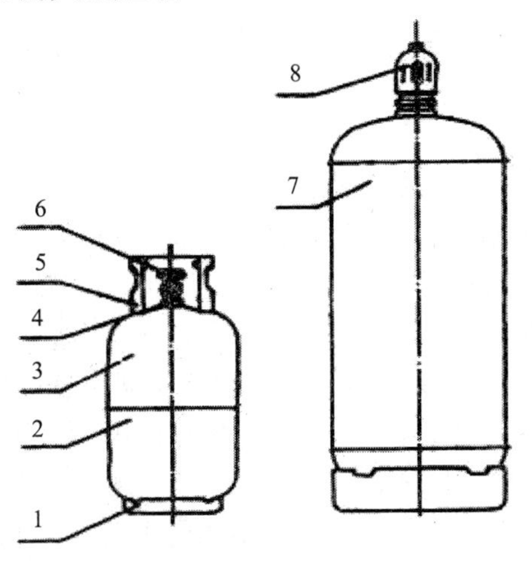

1—底座；2—下封头；3—上封头；4—瓶阀座；5—护罩；6—瓶阀；7—筒体；8—瓶帽

图 3-5　液化石油气瓶

石油气瓶最大工作压力为 1.6MPa，水压试验压力为 3.0MPa。气瓶外表面涂灰色，并写上“液化石油气”红色字样。

四、氢气瓶

氢气瓶是用来储存和运输氢气的高压容器。气瓶的贮装压力为 15MPa，其结构与氧气瓶相似。氢气瓶属于可燃气瓶，根据“气瓶安全监察规程”规定，其瓶阀应向左旋（用于非燃气体气瓶的瓶阀向右旋）。瓶的外表面涂深绿色油漆及红色的横条，并用红漆写上“氢气”字样及所属单位的名称。

五、减压器

（一）减压器的作用

1．减压作用

储存在气瓶内的气体都是高压气体，譬如氧气瓶内的氧气压力最高达 15MPa，乙炔瓶内的乙炔压力最高达 1.5MPa，而气焊气割工作中所需的气体工作压力一般都是比较低的，氧气的工作压力一般要求为 0.1～0.4MPa，乙炔的工作压力则更低，最高也不会大于 0.15MPa，因此在气焊气割工作中必须使用减压器，把气瓶内气体压力降低后才能输送到焊炬或割炬内使用。

2．稳压作用

气瓶内气体的压力是随着气体的消耗而逐渐下降的，这就是说在气焊气割工作中气瓶内的气体压力是时刻变化着的。但是在气焊气割工作中所要求的气体工作压力必须是稳定不变的。因此就需要使用减压器稳定气体工作压力，使气体工作压力不随气瓶内气体压力的下降而下降。

（二）减压器的分类

减压器按用途不同可分为集中式和岗位式两类；按结构不同可分为单级式和双级式两类；按工作原理不同可分为正作用式和反作用式两类。

目前在国内生产的减压器主要是单级反作用式和双级混合式两类。常用减压器的主要技术数据见表 3-11。

（三）减压器的工作原理

现以 QD-1 型氧气减压器为例，说明减压器的作用原理（图 3-6）。使用减压器时，顺时针旋动调节螺杆 1，顶开减压活门 4，高压氧气即从隙缝中流入低压室 9。由于体积膨胀而使压力降低，这就是减压作用。在使用过程中，如果气体输出量减少，即低压室压力增高，通过弹性薄膜 3 压缩调压弹簧 2，带动减压活门向下移动，使开启度逐渐减小；反之，减压活门的开启度就会逐渐减小，即减压活门的开启度逐闭增大，其结果仍保证了低压室内氧气的工作压力稳定。这就是减压器的稳压作用。此外，减压器还有高压表 11、低压表 10 指示氧气压力，以及安全阀 7 等。乙炔等气体所用的减压器，其作用原理和使用方法与氧气减压器基本相同。

表 3-11　减压器的主要技术数据

进口减压器	QD-1	QD-2A	QD-3A	DJ6	SJ7-10	QD-20	QW2-16/0.6
名称	单级氧气减压器				双级氧气减压器	单级乙炔减压器	单级丙烷减压器
进气口最高压力/MPa	15	15	15	15	15	2.0	1.6
最高工作压力/MPa	2.5	1.0	0.2	2.0	2.0	0.15	0.06
工作压力调节范围/MPa	0.1～2.5	0.1～1.0	0.01～0.2	0.1～2.0	0.1～2.0	0.01～0.15	0.02～0.06
最大放气能力/（m^3/h）	80	40	10	180	—	9	—
出气口孔径/mm	6	5	3	—	5	4	—
压力表规格/MPa	0～25 0～4	0～25 0～1.6	0～25 0～0.4	0～25 0～4	0～25 0～4	0～2.5 0～0.25	0～0.16 0～2.5
安全阀泄气压力/MPa	2.9～3.9	1.15～1.6	—	2.2	2.2	0.18～0.24	0.07～0.12
进口连接螺纹	G5/8″	G5/8″	G5/8″	G5/8″	G5/8″	夹环连接	G5/8″ 左
质量/kg	4	2	2	2	3	2	2
外形尺寸/mm	200×200×210	165×170×160	165×170×160	170×200×142	220×170×220	170×185×3.5	165×190×160

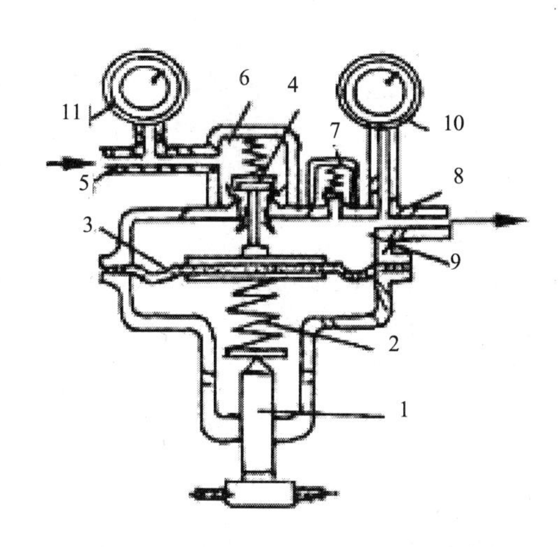

1—调节螺杆；2—调压弹簧；3—弹性薄膜；4—减压活门；5—进气口；6—高压室；
7—安全阀；8—出气口；9—低压室；10—低压表；11—高压表

图 3-6　QD-1 型氧气减压器

六、焊炬

气焊时用于控制气体混合比、流量及火焰并进行焊接的工具，称为焊炬。焊炬的作用是将可燃气体和氧气按一定比例混合，并以一定的速度喷出燃烧而生成具有一定能量、成分和形状的稳定的焊接火焰。

焊炬的好坏直接影响焊接质量。因此要求焊炬具有良好的调节和保持氧气与可燃气体比例及火焰大小的性能。并使混合气体喷出速度要等于燃烧速度，以便宜于进行稳定的燃烧；同时焊炬的重量要轻、气密性要好，还要耐腐蚀和耐高温。

（一）焊炬的分类

焊炬按可燃气体与氧气混合的方式不同可分为：低压焊炬（即射吸式）和等压式焊炬两类，低压焊炬又分为换嘴式及换管式。常用的是射吸式焊炬。

（二）射吸式焊炬的构造及原理

1．射吸式焊炬的构造

图 3-7 所示为目前使用较广的 H01-6 型射吸式焊炬。

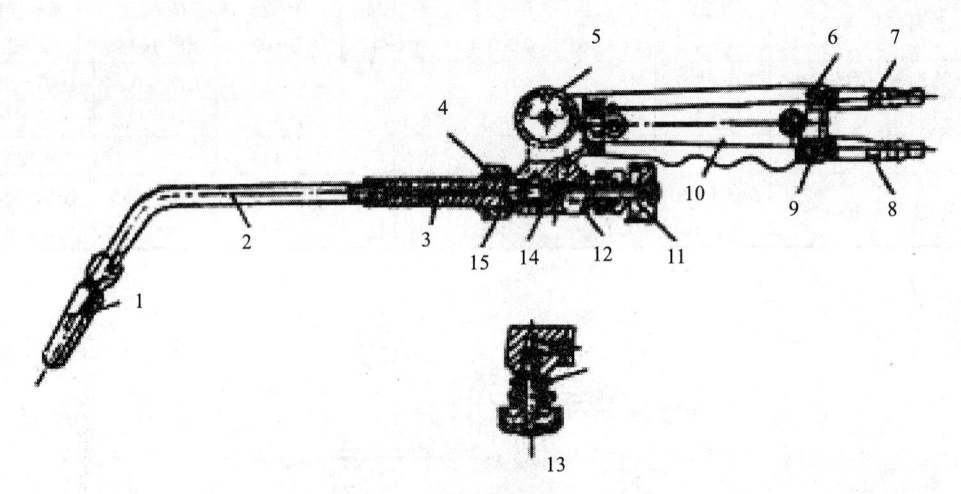

1—焊嘴；2—混合气管；3—射吸管；4—射吸管螺母；5—乙炔调节阀；6—乙炔进气管；7—乙炔管接头；8—氧气管接头；9—氧气进气管；10—手柄；11—氧气调节阀；12—主体；13—乙炔阀针；14—氧气阀针；15—喷嘴

图 3-7　H01-6 型射吸式焊炬

2．工作原理

开启乙炔调节阀 5 时，乙炔聚集在喷嘴外围，并单独通过射吸混合气管 2 由焊嘴 1 喷出，但压力很低。当开启氧气调节阀 11 时，氧气即从喷嘴口快速射出，将聚集在喷嘴周围的低压乙炔吸出，并在混合气管按一定的比例混合后从焊嘴喷出。

射吸式焊炬的特点是利用喷嘴的射吸作用，使高压氧气（0.1～0.8MPa）与压力较低的乙炔（0.001～0.1MPa）均匀地按一定比例（体积比约为 1∶1）混合，并以相当高的流速喷出。所以不论是低压乙炔（压力大于 0.001MPa），还是中压乙炔，都能保证焊炬的正常工作。由于射吸式焊炬的通用性强，因此应用较广泛。

国产射吸式焊炬的型号除 H01-6 外，还有 H01-12、H01-20、H02-1 这 3 种。以 H01 开头的焊炬则各配有 5 只不同孔径焊嘴以适应焊接不同厚度的需要。H02-1 焊炬是换管式焊炬。

射吸式焊炬的主要技术数据见表 3-12。

表 3-12　射吸式焊炬的主要技术数据

焊炬型号	H01-6					H01-12					H01-20					H02-1		
焊嘴号码	1	2	3	4	5	1	2	3	4	5	1	2	3	4	5	1	2	3
焊嘴孔径/mm	0.9	1.0	1.1	1.2	1.3	1.4	1.6	1.8	2.0	2.2	2.4	2.6	2.8	3.0	3.2	0.5	0.7	0.9
焊接范围/mm	1～2	2～3	3～4	4～5	5～6	6～7	7～8	8～9	9～10	10～12	10～12	12～14	14～16	16～18	18～20	0.2～0.4	0.4～0.7	0.7～1.0
氧气压力/MPa	0.20	0.25	0.30	0.35	0.40	0.40	0.45	0.50	0.60	0.70	0.60	0.65	0.70	0.75	0.80	0.01	0.15	0.20
乙炔压力/MPa	0.001～0.008					0.001～0.008					0.001～0.008					0.001～0.008		
氧气消耗量/（m^3/h）	0.15	0.20	0.24	0.28	0.37	0.37	0.49	0.65	0.86	1.10	1.25	1.25	1.65	1.95	2.25	0.016～0.018	0.045～0.05	0.10～0.12
乙炔消耗量/（L/h）	170	240	280	330	430	430	580	780	1 050	1 210	1 500	1 700	2 000	2 300	2 600	20～22	55～65	110～130

注：①气体消耗量为参考数据；

②焊炬型号的含义：H——焊炬；01——换嘴式；02——换管式；1、6、12、20——可焊接的最大厚度。

七、割炬

割炬是气割工作的主要工具。割炬的作用是将可燃气体与氧气以一定的比例和方式混合后，形成具有一定热量和形状的预热火焰，并在预热火焰的中心喷射切割氧气进行气割。

（一）割炬的分类

1．按可燃气体与氧气混合的方式不同分类

分为射吸式割炬和等压割炬2种。目前国内两种形式的割炬都有生产，但射吸式割炬使用较多。

2．按用途不同分类

分为普通割炬、重型割炬和焊割两用炬等。

（二）射吸式割炬的构造及工作原理

1．射吸式割炬的构造

图3-8所示为目前使用较广的G01-30型射吸式割炬。

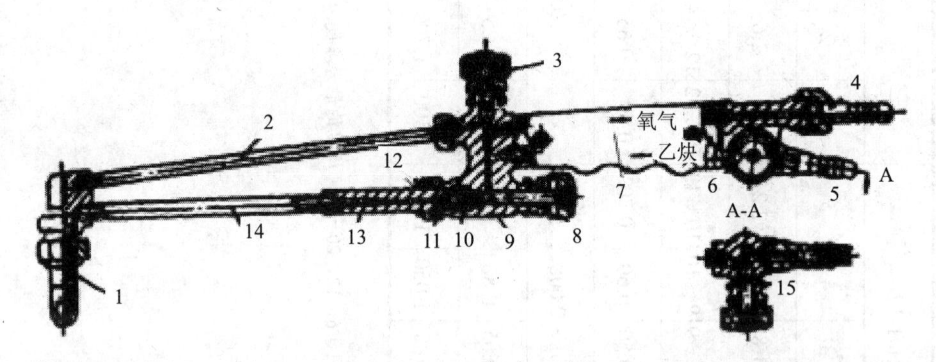

1—割嘴；2—切割氧气管；3—切割氧调节阀；4—氧气管接头；5—乙炔管接头；
6—乙炔调节阀；7—手柄；8—预热氧调节阀；9—主体；10—氧气阀针；11—喷嘴；
12—射吸管螺母；13—射吸管；14—混合气管；15—乙炔阀针

图3-8 G01-30型射吸式割炬构造

射吸式割炬是以射吸式焊炬为基础的。割炬的结构可分为两部分：一部分为预热部分，其构造与低压焊炬相同，具有射吸作用，所以可以使用低压乙炔；另一部分为切割部分，它是由切割氧调节阀，切割氧通道以及割嘴等组成。

低压割炬的型号有G01-30、G01-100、G01-300 3种。

割嘴的构造与焊嘴不同。焊嘴上的喷射孔是小圆孔，所以气焊火焰呈圆锥形；而射吸式割炬的割嘴按结构形式不同，混合气体的喷射孔有环形和梅花形两种。环形割嘴的混合气孔道呈环形，整个割嘴由内嘴和外嘴两部分组合而成，又称组合式割嘴。梅花形割嘴的混合气孔道，呈小圆孔均匀地分布在高压氧孔道周围，整个割嘴为一体，又称整体式割嘴。

2．射吸式割炬的工作原理

射吸式割炬的工作原理如图 3-8 所示。气割时，先逆时针方向稍微开启预热调节阀，再打开乙炔调节阀并立即进行点火，然后增大预热氧流量，使氧气与乙炔在喷嘴内混合后，经过混合气体通道从割嘴喷出产生环形预热火焰，对割件进行预热。待割件预热至燃点时，即逆时针方向开启切割氧调节阀，此时高速氧气流将割缝处的金属氧化并吹除，随着割炬的不断移动即在割件上形成割缝。

3．普通割炬主要技术数据

普通割炬主要技术数据见表 3-13。

八、气焊、气割辅助工具

（一）护目镜

气焊时使用护目镜，主要是保护焊工的眼睛不受火焰亮光的刺激，以便在焊接过程中能够仔细地观察熔池金属，又可防止飞溅金属微粒溅入眼睛内。护目镜的镜片颜色和深浅，根据焊工的需要和被焊材性质进行选用。颜色太深或太浅都会妨碍对熔池的观察，影响工作效率。一般宜用 3 号到 7 号的黄绿色镜片。

（二）点火枪

使用手枪式点火枪点火最为安全方便。当用火柴点火时，必须把划着了的火柴从焊嘴或割嘴的后面送到焊嘴或割嘴上，以免手被烧伤。

（三）橡皮管

氧气瓶和乙炔发生器中的气体须用橡皮管输送到焊炬或割炬中。根据有关规定，氧气管为红色，乙炔管为黑色。通常氧气胶管内径为 8mm，乙炔管内径为 10mm。氧气管与乙炔管强度不同，氧气管允许工作压力为 1.5MPa，乙炔管为 0.5MPa。连接于焊炬或割炬的胶管长度不能短于 5m，但太长了会增加气体流动的阻力，一般在 10～15m 为宜。焊、割炬用橡皮管禁止油污及漏气，并严禁互换使用。

（四）其他工具

①清理割缝的工具：钢丝刷、手锤、锉刀。

②连接和启用密闭气体通路的工具：钢丝钳、铁丝、皮管夹头、扳手等。

③清理焊嘴和割嘴用的通针，每个气割工都应备有粗细不等的钢通针一组，以便清除堵塞焊嘴或割嘴的脏物。

表 3-13　普通割炬的型号及主要技术数据

割炬型号	G01-30			G01-100			G01-300				GD[illegible]		
结构型式	射吸式										等压式		
割嘴号码	1	2	3	1	2	3	1	2	3	4	1	2	[illegible]
割嘴孔径/mm	0.6	0.8	1.0	1.0	1.3	1.6	1.8	2.2	2.6	3.0	0.8	[illegible]	[illegible]
切割厚度范围/mm	2～10	10～20	20～30	10～25	25～30	50～100	100～150	150～200	200～250	250～300	5～10	10～25	[illegible]～40
氧气压力/MPa	0.2	0.25	0.3	0.2	0.35	0.5	0.5	0.65	0.8	1.0	0.25	[illegible]	[illegible]
乙炔压力/MPa	0.001～0.01	0.001～0.01	0.001～0.01	0.001～0.01	0.001～0.01	0.001～0.01	0.001～0.01	0.001～0.01	0.001～0.01	0.001～0.01	0.025～0.1	[illegible]	[illegible]～0.1
氧气消耗量/（m^3/h）	0.8	1.4	2.0	2.2～2.7	3.5～4.2	5.5～7.3	9.0～10.8	11～14	14.5～18	19～26	—	—	—
乙炔消耗量/（L/h）	210	240	310	350～400	400～500	500～610	680～780	800～1 100	1 150～1 200	1 250～1 600	—	—	—
割嘴形状	环形			梅花形和环形			梅花形				梅花形		

注：① 气体消耗量为参考数据；

② 割炬型号的含义：G——割炬；D1——等压式；30、100、300——能切割的最大厚度。

第三节　气焊工艺

气焊是利用气体燃烧火焰作热源的一种熔化焊方法。

一、气焊火焰

常用的气焊火焰是乙炔与氧混合燃烧所形成的火焰，也称为氧-乙炔焰。氧-乙炔焰的外形、构造及火焰的温度分布和氧气与乙炔的混合比大小有关。

根据氧与乙炔混合比的大小不同，可得到三种不同性质的火焰，即中性焰、碳化焰和氧化焰，其构造、形状合成如图 3-9 所示。

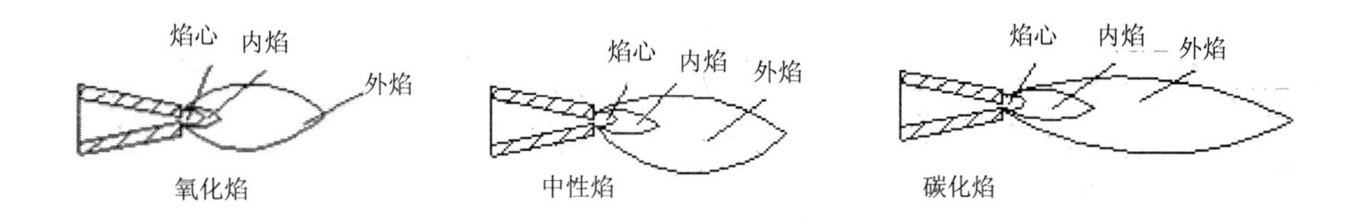

图 3-9　氧-乙炔焰的种类、外形及结构

（一）中性焰

中性焰是氧与乙炔混合比为 1.1～1.2 时燃烧所形成的火焰。中性焰燃烧后的气体中既无过剩氧，也无过剩的乙炔，在焰心的外表面分布着乙炔分解所生成碳素微粒层，因受高温而使焰心形成光亮而明显的轮廓，在内焰处，C_2H_2 和 O_2 燃烧生成的 CO 以及 H_2，在与熔化金属相互作用时，能使氧化物还原，中性焰的最高温度在距焰心 2～4mm 处，为 3 050～3 150℃。有中性焰焊接时主要利用内焰这部分火焰加热焊件。中性焰适用于焊接一般低碳钢和要求焊接过程对熔化不渗碳的金属材料，如不锈钢、紫铜、铝及铝合金等，中性焰的温度分布如图 3-10 所示。

（二）碳化焰

碳化焰是氧与乙炔的混合比小于 1.1 时的火焰。火焰中含有游离碳，具有较强的还原作用，也有一定渗透作用。整个火焰比中性焰长，碳化焰中有过剩乙炔，并分解成游离状态的碳和氢，它们会渗到熔池中，使焊缝的含碳量增加，塑性下降；过多的氢进入熔池，可使焊缝产生气孔和裂纹。由于碳化焰对焊缝金属具有渗碳作用。故碳化焰只适用含碳较高的高碳钢、铸铁、硬质合金及高速钢的焊接。碳化焰的最高温度为 2 700～3 000℃。

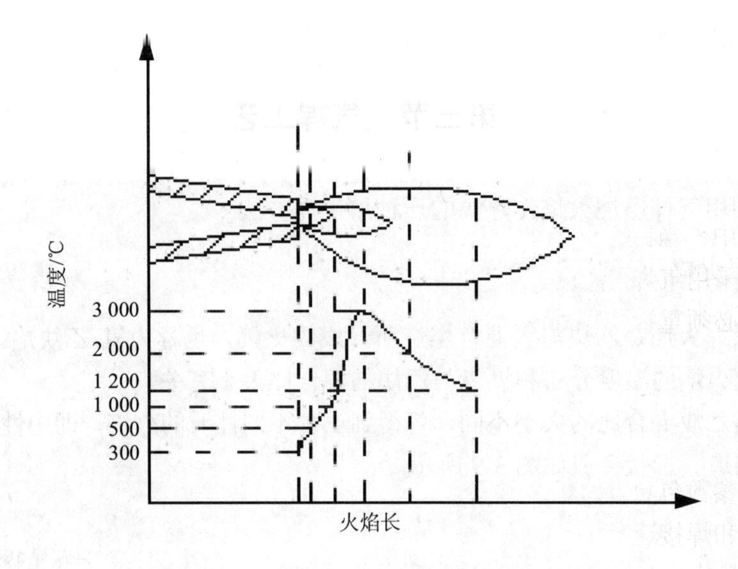

图 3-10　中性焰的温度沿轴线分布的情况

（三）氧化焰

氧气焰是氧与乙炔的混合比大于 1.2 时的火焰。火焰中过量的氧，在尖形焰芯外面表成一个氧化性的富氧区。

氧化焰中有过剩的氧，火焰的氧化反应剧烈，整个火焰缩短了，内焰和外焰层次不清，氧化焰中主要有游离状态的氧（O_2）、二氧化碳（CO_2）及水蒸气存在，整个火焰具有氧化性，氧化焰温度最高为 3 100～3 300℃。对于一般的碳钢和有色金属，很少采用氧化焰，这是因为氧化焰会使焊缝金属氧化和形成气孔，并增强了熔池中的沸腾现象，使焊缝中合金成分烧损，从而使焊缝组织变脆，降低焊缝的性能。焊接黄铜时，采用含硅焊丝，氧化焰会使熔化金属表面覆盖一层硅的氧化膜可阻止黄铜中锌的挥发，故通常焊接黄铜时，宜采用氧化焰。

不同材料的焊接，所采用的火焰性质，见表 3-14。

表 3-14　不同材料焊接时应采用的火焰种类

焊接金属	火焰种类	焊接金属	火焰种类
低、中碳钢	中性焰	铬镍钢	中性焰或乙炔稍多的中性焰
低合金钢	中性焰	锰钢	氧化焰
紫铜	中性焰	镀锌铁板	氧化焰
铝及铝合金	中性焰或轻微碳化焰	高速钢	氧化焰
铅、锡	中性焰	硬质合金	氧化焰
青铜	中性焰或轻微氧化焰	高碳钢	氧化焰
不锈钢	中性焰或轻微氧化焰	铸铁	氧化焰
黄铜	氧化焰	镍	碳化焰或中性焰

二、焊件的接头形式和焊前准备

气焊可以焊接平、立、横、仰各种空间位置的焊缝。气焊时主要采用对接接头，而角接接头和卷边接头只在焊接薄板时使用，很少采用搭接接头和T形接头，因为这种接头会使焊件焊后产生较大的变形。

对接接头中，当钢板厚度大于5mm时，必须开坡口。应该指出，厚焊件只有在不得已的情况下才采用气焊，一般应采用电弧焊。

气焊前，必须重视对焊件的清理工作，清除焊丝和焊接接头处表面的油污、铁锈及水分等，以保证焊接接头质量。

三、气焊工艺参数

气焊工艺参数包括焊丝的牌号及直径、气焊熔剂、火焰的性质及能率、焊炬的倾斜角度、焊接方向和焊接速度等。它们是保证焊接质量的主要技术依据。

（一）焊丝的牌号及直径

1．焊丝的牌号

焊丝的牌号选择应根据焊件材料的机械性能或化学成分，选择相应性能或成分的焊丝，具体见表3-2、表3-3、表3-4、表3-5。

2．焊丝的直径

焊丝直径的选用，要根据焊件的厚度来决定，焊接5mm以下板材时焊丝直径要与焊件焊接厚度相近，一般选用1～3mm焊丝。

若焊丝直径选用过细，焊接时焊件尚未熔化，而焊丝已很快熔化下滴，容易造成熔缝不良等缺陷；相反，如果焊丝直径过粗，焊丝加热时间增加，使焊件过热就会扩大热影响区，同时导致焊缝产生未焊透等缺陷。

开坡口焊件的第一、二层焊缝焊接，应选用较细的焊丝，以后各层焊缝可采用较粗焊丝。焊丝直径不和焊接方法有关，一般右向焊所选用的焊丝要比左向焊时粗些。

（二）气焊熔剂

气焊熔剂的选择要根据焊件的成分及其性质而定，一般碳素结构气焊时不需要气焊熔剂。而不锈钢、耐热钢、铸铁、铜及铜合金、铝及铝合金气焊时，则必须采用气焊熔剂，才能保证焊接质量。气焊熔剂牌号的选择见表3-6。

（三）火焰的性质及能率

1．火焰的性质（成分）

气焊火焰的性质，对焊接质量关系很大，应该根据不同材料的焊件正确地选择和掌握火焰的成分。当混合气体内乙炔量过多时，会引起焊缝金属渗碳，而使焊缝的硬度和脆性增加，同时还会产生气孔等缺陷；相反混合气体内氧气量过多时会引起焊缝金属的氧化而出现脆性，使焊缝金属的强度和塑性降低。

各种不同材料的焊件，应采用的火焰性质见表3-14。

2. 火焰的能率

气焊火焰的能率主要是根据每小时可燃气体（乙炔）的消耗量（L/h）来确定，而气体消耗量又取决于焊嘴的大小。所以，一般以焊炬型号及焊嘴号码大小来表示火焰能率大小。焊炬型号及焊嘴号码大小决定了对焊件加热的能量大小和加热的范围大小，如果焊件较厚，金属材料熔点较高，导热性较好（如铜、铝及合金），焊缝又是平焊位置，则应选择较大的火焰能率，才能给予焊件足够的热量，保证焊件焊透；如果焊接薄板，或其他位置焊缝时，为防止焊件被烧穿或焊缝组织过热，火焰能率要适当减小。但应该指出的是，在保证焊接质量的前提下，应尽量选择较大的火焰能率，以提高生产率。

焊接低碳钢和低合金钢，乙炔的消耗量可按下列经验公式计算：

$$V=（100\sim120）\delta$$

式中：V——火焰的能率，L/h；

δ——钢板厚度，mm。

焊接黄铜、青铜、铸铁及铝合金，也可采用上述经验公式选择火焰能率。但焊接紫铜时，由于紫铜的导热性和熔点高，乙炔的消耗量可按下列经验公式计算：

$$V=（150\sim200）\delta$$

计算出乙炔的消耗量后，即可选择适当的焊炬型号和焊嘴号数，见表 3-12。

（四）焊炬的倾斜角度

焊炬倾斜角度的大小，主要取决于焊件的厚度和母材的熔点以及导热性。若焊件愈厚，导热性及熔点愈高，应采用较大的焊炬倾斜角，使火焰的热量集中；相反，则采用较小的倾斜角。根据上述特点，可按照焊件的厚度、导热性以及熔点等因素灵活地选用。

焊接碳素钢时，焊炬倾斜角与焊件厚度的关系如图 3-11 所示；焊件愈厚，焊炬的倾斜角愈大；不同材料的焊件，选用的焊炬倾斜角也有差别。例如在焊接导热性较大焊件时，焊炬倾斜角为 60°～80°，焊接低熔点铝及铝合金时，焊炬倾斜角接近 10°。

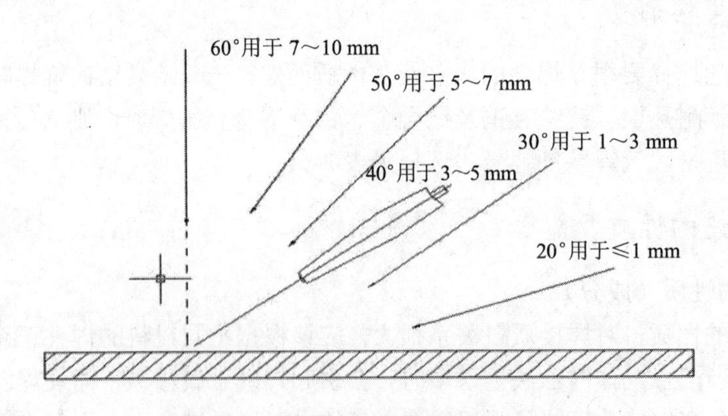

图 3-11　焊炬倾角与焊件厚度的关系

焊炬的倾斜角在焊接过程中是需要改变的，在焊接开始时，为了较快地加热焊件和迅速地形成熔池，采用的焊炬倾斜角为 80°～90°。当焊接结束时，为了更好地填满弧坑和避免焊穿，可将焊炬的倾斜角减小，使焊炬对准焊丝加热，并使火焰上下跳动，断续地对焊丝和熔池加热。

在气焊过程中，焊丝与焊件表面的倾斜角一般为 30°～40°，它与焊炬中心线的角度为 90°～100°（图 3-12）。

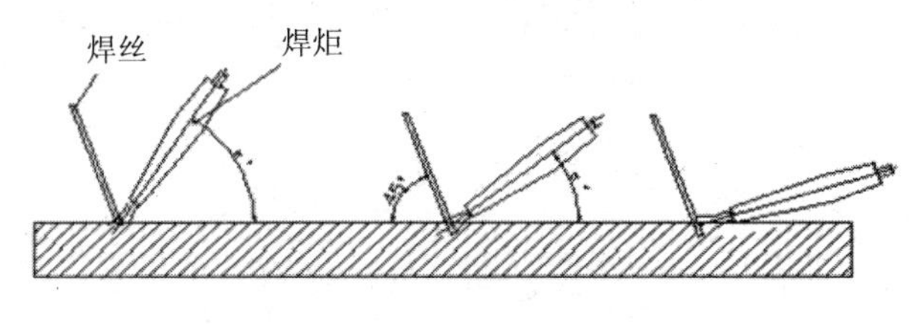

图 3-12 焊炬与焊丝位置

（五）焊接方向

气焊时，按照焊炬和焊丝多动的方向，可分为左向焊法和右向焊法两种。这两种方法对焊接生产率和焊缝质量影响很大。

1．右向焊法

右向焊法如图 3-13（a）所示，焊炬指向焊缝，焊接过程自左向右。焊炬在焊丝前面移动。焊炬火焰直接指向熔池，并遮盖整个熔池，使周围空气与熔池隔离，所以能防止焊缝金属的氧化和减少产生气孔的可能性，同时还能使焊好的焊缝缓慢地冷却，改善了焊缝组织。由于焰心距熔池较近及火焰受焊缝的阻挡，火焰的热量较为集中，火焰的利用率也较高，使熔深增加和提高生产率。所以右向焊法适合焊接厚度较大、熔点及导热性较高的焊件。但右向焊法不易掌握，一般采用较少。

2．左向焊法

左向焊法如图 3-13（b）所示，焊炬是指向焊件未焊部分，焊接过程自右向左，而且焊炬是跟着焊丝运走。左向焊法，由于火焰指向焊件未焊部分对金属有预热作用，因此焊接薄板时生产率很高，同时这种方法操作简单，容易掌握，是普通应用的方法。但左向焊法缺点是焊缝易氧化，冷却较快，热量利用低，故适宜于薄板的焊接。

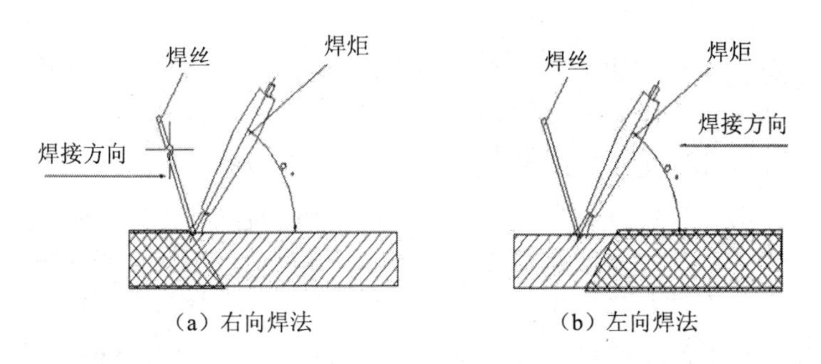

（a）右向焊法　（b）左向焊法

图 3-13 右向焊法与左向焊法

一般情况下，厚度大、熔点高的焊件，焊接速度要慢些，以免产生未熔合的缺陷；厚度小、熔点低的焊件，焊接速度要快些，以免烧穿和使焊件过热，降低产品质量。另外，焊接速度还要根据焊工的操作熟练程度、焊缝位置及其他条件来选择，在保证焊接质量的前提下，应尽量加快焊接速度，以提高生产率。

第四节　气割工艺

一、气割原理

气割是利用气体火焰的热能，将工件切割处预热到一定温度后，喷出高速切割氧流，使其燃烧并放出热量实现切割的方法。

氧气切割过程包括下列三个阶段：气割开始时，用预热火焰将起割处的金属预热到燃烧温度（燃点）；向被加热到燃点的金属喷射氧，使金属剧烈地燃烧；金属燃烧氧化后生成熔渣和产生反应热，熔渣被切割氧吹除，所产生的热量和预热火焰热量将下层金属材料加热到燃点，这样继续下去就将金属逐渐地割穿，随着割炬的移动，就切割成所需的形状和尺寸，所以金属的气割过程实质是铁在纯氧气中的燃烧过程，而不是熔化过程。

氧气切割过程是预热—燃烧—吹渣过程。但并非所有的金属都能满足这个过程的要求，而只有符合下列条件的金属才能进行氧气切割。

①金属在氧气中的燃烧点应低于熔点，这是氧气切割过程能正常进行的最基本条件。如低碳钢的燃点约为 1 350℃，而熔点约为 1 500℃。它完全满足了这个条件，所以低碳钢具有良好的气割条件。

随着钢含碳量的增加，则熔点降低，而燃点即增高，这样使气割不易进行。含碳量为 0.70%的碳钢，其燃点和熔点差不多等于 1 300℃；而含碳量大于 0.70%的高碳钢，则由于燃点比熔点高，所以不易切割。

铜、铝以及铸铁的燃点比熔点高，所以不能用普通的氧气切割。

②金属气割时形成氧化物的熔点应低于金属本身的熔点。氧气切割过程产生的金属氧化物的熔点必须低于该金属本身的熔点，同时流动性要好，这样的氧化物能以液体状态从割缝处被吹除。

如果金属氧化物的熔点比金属熔点高，则加热金属表面上的高熔点氧化物会阻碍下层金属与切割氧射流的接触，而使气割发生困难。如高铬或铬镍钢加热时，会形成高熔点（约 1 990℃）的三氧化二铬（Cr_2O_3）；铝及铝合金加热则会形成高熔点（2 050℃）的三氧化二铝（Al_2O_3）。所以这些材料不能采用氧气切割方法，而只能使用等离子切割。

③金属在切割射流中燃烧应该是放热反应。在气割过程中这一条件也很重要，因为放热反应的结果是上层金属燃烧产生很大的热量，对下层金属材料起着预热作用。如气割低碳钢时，由金属燃烧所产生的热量约占 70%，而由预热火焰所供给的热量仅为 30%。可见金属燃烧时所产生的热量是相当大的，所起的作用也很大；相反，如果金属燃烧是吸热反应，则下层金属得不到预热，气割过程就不能进行。

④金属的导热性不应太高。如果被割金属的导热性太高，则预热火焰及气割过程中氧化所析出的热量被传导散失，这样气割处温度急剧下降而低于金属的燃点，使气割不能开始或中途停止。由于铜和铝等金属具有较高的导热性，因而会使气割发生困难。

⑤金属中阻碍气割过程和提高钢的可淬性的杂质要少。被气割金属中，阻碍气割过程的杂质，如碳、铬以及硅等要少；同时提高钢的可淬性的杂质如钨与钼等也要少。这样才能保证气割过程正常进行，同时气割缝表面也不会产生裂纹等缺陷。

金属的氧气切割过程主要取决于上述五个条件。纯铁的低碳钢能满足上述要求，所以能很顺利地进行气割。钢中碳量增高时，气割过程开始恶化，当含碳量超过 0.7%时，必须将割件预热到 400～700℃才能进行气割；当含碳量大于 1%～1.2%时，割件就不能进行正常气割。

铸铁不能用普通方法气割，原因是它在氧气中的燃点比熔点高很多，同时产生高熔点的二氧化硅（SiO_2），而且氧化物的黏度也很大，流动性又差，切割氧射流不能把它吹除。此外由于铸铁中含碳量高，碳燃烧后产生一氧化碳和二氧化碳冲淡了切割氧射流，降低了氧化效果，使气割发生困难。

高铬钢和铬镍钢会产生高熔点的氧化和氧化镍（约 1 990℃），遮盖了金属的割缝表面，阻碍下一层金属燃烧，也使气割发生困难。

目前铸铁、高铬钢、铬镍钢、铜、铝及其合金均采用等离子切割。

二、气割工艺参数

气割工艺参数主要包括切割氧气压力、气割速度、预热火焰能率、割嘴与割件的倾斜角度、割嘴离割件表面的距离等。气割工艺参数的选择正确与否，直接影响到切口表面的质量。而气割工艺参数的选择又主要取决于割件厚度。

（一）气割氧压力

在割件厚度、割嘴型号、氧气纯度都已确定的条件下，气割氧压力的大小对气割有极大影响。如氧气压力不够，氧气供应不足，则会引致金属燃烧不完全，这样不仅降低气割速度，而且不能将熔渣全部从割缝处吹除，使割缝的背面留下很难清除干净的挂渣，甚至还会出现割不透现象。如果氧气压力过高，则过剩的氧气起了冷却作用，不仅影响气割速度而且使割口表面粗糙，割缝加大，同时也使得氧气消耗量增大。

一般选择氧气压力的根据是：随割件厚度的增加而加大，或随割嘴号码的增大而加大，氧气纯度降低时，由于气割时间增加，要相应增大氧气压力。当割件厚度小于 100 mm 时，其氧气压力可参照表 3-15 选用。

氧气纯度对气割速度、气体消耗量以及割缝质量有很大的影响。氧气的纯度低，金属氧化缓慢，使气割时间增加，而且气割单位长度割件的氧气消耗量也增加。例如在氧气纯度为 97.5%～99.5%的范围内，每降低 1%时，1 m 长的割缝气割时间增加 10%～15%，而氧气消耗量增加 25%～35%。图 3-14 中曲线 1 表示切割氧纯度与气割时间的关系，曲线 2 表示切割氧纯度与氧气消耗量的关系。

表 3-15　钢板的气割厚度与气割速度、氧气压力的关系

钢板厚度/mm	气割速度/（mm/min）	氧气压力/MPa
4	450～500	0.2
5	400～500	0.3
10	340～450	0.35
15	300～375	0.375
20	260～350	0.4
25	240～270	0.425
30	210～250	0.45
40	180～230	0.45
60	160～200	0.5
80	150～180	0.6
100	130～165	0.7

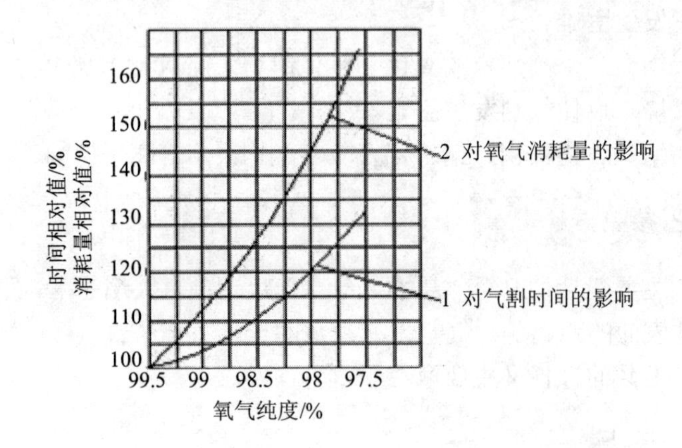

图 3-14　氧气纯度对气割时间和氧气消耗量的影响

（二）气割速度

气割速度与割件厚度和使用的割嘴形状有关。割件愈厚，气割速度愈慢；反之割件愈薄，则气割速度越快。气割速度太慢，会使割缘边缘熔化；速度过快，则会产生很大的后拖量（沟纹倾斜）或割不穿。气割速度的正确与否，主要根据割缝后拖量来判断。所谓后拖量就是切割面上的切割氧流轨迹的始点与终点在水平方向上的距离（图 3-15）。

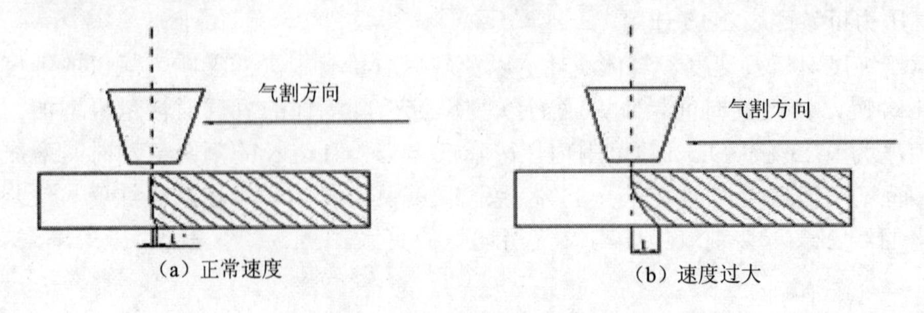

图 3-15　切割速度对后拖量的影响

气割时产生后拖量的原因主要是：

①切口上层金属在燃烧时所产生的气体冲淡了切割氧气纯度，使下层金属燃烧缓慢。

②下层金属无预热火焰的直接预热作用，因而火焰不能充分地对下层金属加热，使割件下层不能剧烈燃烧。

③割件下层金属离割嘴距离较大，氧流风的直径增大，切割氧气流吹除氧化物使其动能降低。

④切割速度过快，来不及将下层金属氧化而造成后拖量，有时因后拖量过大而未能将割件割穿，使气割过程中断。

切割的后拖量是不可避免的，尤其是在切割厚钢板时更为显著。因此，要求采用的气割速度，应该使切口产生的后拖量较小为原则，以保证气割质量。

（三）预热火焰能率

预热火焰的作用是把金属割件加热，并始终保持能在氧气流中燃烧的温度，同时使钢材表面上的氧化皮剥离和熔化，便于切割氧射流与铁合化。预热火焰对金属加热的温度，对于低碳钢在 1 100～1 150℃。目前采用的可燃气体有乙炔和丙烷两种，由于乙炔与氧燃烧后具有较高的温度，因此气割时间比丙烷短。

气割时，预热火焰均采用中性焰，或轻微的氧化焰。碳化焰不能使用，因为碳化焰中剩余的碳会使割件的切割边缘增碳。调整火焰时，应在切割氧射流开启前进行，以防止预热火焰发生变化。

预热火焰的能率以可燃气体（乙炔）每小时消耗量（L/h）表示。预热火焰能率与割件厚度有关。割件越厚，火焰能率应越大。但火焰能率过大时，会使割缝上缘产生连续珠状钢粒，甚至熔化成圆角，同时造成割件背面粘渣增多而影响气割质量。当火焰能率过小时，割件得不到足够的热量，迫使气割速度减慢，甚至使气割过程发生困难，这在厚板气割时更应注意。

当气割薄钢板时，预热火焰能率要小。如果气割速度要快，可采用稍大些的火焰能率，但割嘴应离割件表面远些，并保持一定的倾斜角度，防止气割中断；而在气割厚钢板时，由于气割速度较慢，为了防止割缝上缘熔化，可相对地采用较弱些的火焰能率。

（四）割嘴与割件的倾斜角

割嘴与割件的倾斜角度，直接影响气割速度和后拖量。当割嘴沿气割相反方向倾斜一定角度时，能使氧化燃烧而产生的熔渣吹向切割线的前缘，这样可充分利用燃烧反应产生的热量来减少后拖量，从而促使气割速度提高。进行直线切割时，应充分利用这一特性。

割嘴倾斜角大小，主要根据割件厚度而定。如果倾斜角选择不当，不但不能提高气割速度，反而使气割发生困难，同时，增加氧气的消耗量。

当气割 6～30 mm 厚钢板时，割嘴应垂直于割件；气割小于 6 mm 钢板时，割嘴可沿气割相反方向倾斜 5°～10°；气割大于 30 mm 厚钢板时，开始气割应将割嘴沿切割方向倾斜 5°～10°。

（五）割嘴离工作表面的距离

为了减少周围空气对气割氧的污染并保持其纯度，同时又为了充分利用高速氧气流的动能，在气割过程中，割嘴与割件表面的距离愈近，愈能提高速度和质量。但是距离过近预热火焰会将割嘴上缘熔化，被剥离的氧化皮会蹦起来堵塞嘴孔造成回烧，逆火现象，甚至烧坏割嘴。所以割嘴与割件表面的距离又不能太近。选择割嘴与割件表面的距离要根据预热火焰的长度和割件厚度，并使得加热条件最好。在通常情况下其距离为 3～5 mm，当割件厚度小于 20 mm 时，火焰可长些，距离可适当加大；当割件厚度大于或等于 20 mm 时，同时气割速度放慢，火焰应短些，距离应适当减小。

当气割工艺参数选定后，气割质量的好坏还与钢材质量及表面状况（氧化皮、涂料等）、割缝的形状（直线、曲线或坡口）等因素有关。

第五节 燃烧、爆炸及回火基本知识

一、燃烧

（一）氧化与燃烧

根据化学定义，凡是使被氧化物质失去电子的反应都属于氧化反应。强烈的氧化反应，伴随有热和光同时发出，则称为燃烧。物质不仅与氧的化合反应属燃烧，并且在某些情况下，与氯、硫的蒸气等的化合反应也属燃烧。例如在氯化氢中，氯从氢中取得一个电子，此时氯是氧化剂，就是说氢被氯所氧化，并放出热和呈现出火焰，此化学反应亦为燃烧。但是物质和空气中的氧所有的反应毕竟是最普遍的，也是焊接发生火灾爆炸事故的主要原因。下面将着重讨论这一形式的燃烧。

（二）燃烧的必要条件

发生燃烧必须具备 3 个条件，即可燃物质、氧或氧化剂、着火源。亦即发生燃烧的条件必须是可燃物质和助燃物质共同存在，构成一个燃烧系统，同时要有导致着火的火源。火源是指具有一定温度和热量的能源，例如火焰、电火花、灼热的物体等。

根据燃烧必须具备上述条件的道理，采取措施使之不同时存在，以避免燃烧的产生，便是防火技术的理论依据。在扑灭火灾时，可用取冷却、隔离或窒息的方法消灭已产生的上述条件，以使燃烧停止。任何种类的燃烧，凡超出有效范围称为火灾。

（三）可燃物质的燃点、自燃点和闪点

可燃物质与火源接触而着火，并在火源移去后仍能继续燃烧的最低温度称为燃点。

自燃点是指可燃物质受热升温而不需明火就能自行燃烧的最低温度。自燃点越低，火灾的危险性越大。

可燃液体的蒸气和空气的混合物，与火源接触时发生闪燃的最低温度称为闪点，闪点越低，火灾爆炸的危险性越大。可燃液体的闪点与燃点的区别是：在燃点时燃烧的不仅是蒸气，而且是液体，火源移开后仍能继续燃烧；而在闪点时，则移去火源闪燃即熄灭。

二、爆炸

（一）定义和分类

广义地说，爆炸是物质在瞬间以机械功的形式释放出大量气体和大量能量的现象。爆炸可分为物理性爆炸和化学性爆炸两大类。

物理性爆炸是由物理变化引起的。例如蒸气锅炉的爆炸，是由于过热的水迅速转变为蒸气，且蒸气压力超过锅炉强度极限而引起的；其破坏程度取决于锅炉蒸气的压力。

化学性爆炸是由于物质在一个极短的时间内完成的化学变化，形成其他物质，同时放出大量热和气体的现象。

发生化学性爆炸的物质，按其特性可分为两类：一类是炸（火）药；另一类是可燃物质与空气形成爆炸性混合物。这里着重讨论后一类的特性。所有可燃气体、蒸气及粉尘的爆炸性混合物都属于这一类。

（二）爆炸极限

可燃物质（包括可燃气体、蒸气、粉尘）与空气的混合物，在一定的浓度范围内才能发生爆炸。可燃物质在混合物中能够发生爆炸的最低浓度称为爆炸下限；可燃气体或可燃蒸气在混合物中能够发生爆炸的最高浓度称为爆炸上限。这两者有时又分别称为着火下限及着火上限。在低于下限和高于上限的浓度时，是不会发生着火爆炸的。爆炸下限和爆炸上限之间的范围为爆炸极限。爆炸极限一般是用可燃气体或可燃蒸气在混合物中的体积百分比（或质量浓度）来表示；可燃粉尘是用单位体积混合物中的重量（g/m^3）来表示。例如乙炔和空气混合物的爆炸极限的体积百分比为 2.2%～81%；铝粉尘的爆炸下限为 35 g/m^3。可燃物质的下限越低，爆炸极限范围越宽，则爆炸的危险性越大。

影响爆炸极限的因素很多。爆炸性混合物的温度越高、压力越大、含氧量越多以及火源能量越大等，都会使爆炸极限范围扩大。容器直径越小，则爆炸极限范围也越小，表 3-16 列出了各种可燃气体的爆炸极限数据。

表 3-16　可燃气体与空气和氧气混合气的爆炸极限

可燃气体名称	可燃气体在混合气中含量/%	
	空气中	氧气中
乙炔	2.1～81.0	2.8～93.0
氢	3.3～81.5	4.6～93.9
一氧化碳	11.4～77.5	15.5～93.9
甲烷	4.8～16.7	5.0～59.2
天然气	4.8～14.0	—
石油气	3.5～16.3	—

（三）化学性爆炸的必要条件

凡是化学性爆炸，总是在下列三个条件同时具备时才能发生：①可燃易爆物，②可燃易爆物与空气混合并达到爆炸极限，形成爆炸性混合物，③爆炸性混合物在火源的作用下。防止化学性爆炸的全部措施的实质，即是制止上述三个条件的同时存在。

爆炸性混合物的特性，按照可燃物质与空气混合的形式，可分为下述两类。

1．直接与空气形成爆炸性混合物特性

①可燃气体特性。可燃气体（如乙炔、氢）由于容易扩散流窜，而又无形迹可察觉，所以不仅在容器设备内部而且在室内通风不良的条件下，容易与空气混合，浓度能够达到爆炸极限。因此，在生产、贮存和使用可燃气体的过程中，要严防容器、管道的泄漏，厂房室内应加强通风，严禁明火。

②可燃蒸气的特性。闪点低的易燃液体（如汽油、丙烷）在室温条件下能够蒸发较多的可燃蒸气。闪点高的可燃液体在加热升温超过闪点时，也能蒸发较多的可燃蒸气。因此在液体燃料容器、管道以及厂房、室内通风不良的条件下，可燃蒸气与空气混合的浓度往往可达爆炸极限。所以在生产、贮存和使用可燃液体过程中，要严防跑、冒、滴、漏，室内应加强通风换气。在暑热夏天贮存闪点低的易燃液体时，必须采取隔热降温措施，严禁明火。

③可燃粉尘的特性。可燃粉尘如果飞扬悬浮于空气中，浓度达到爆炸极限时，会形成爆炸性混合物，遇到火源就会发生爆炸。可燃粉尘飞扬悬浮于大气中有形迹可察觉。这类爆炸大多发生于生产设备，输送罩壳、干燥加热炉，排风管道等内部空间。因此，在生产、贮存和使用可燃粉尘过程中，必项采取防护措施，防止静电，严禁明火。在上述地点施焊时，必须事先采取措施，消除造成粉尘爆炸的危险因素。

2．间接与空气形成爆炸性混合物的特性

块、片、纤维状态的可燃物质，如电石、电影胶片、硝化棉等，虽然不能直接与空气形成爆炸性混合物，可是当这些物质与水、热源、氧化剂等作用时，迅速反应分解释放出可燃气体或可燃蒸气，然后与空气形成爆炸性混合物，遇火源也会发生爆炸。因此在生产、贮存和使用这类可燃物质时，应采取防潮、密闭、隔热等安全措施。

三、回火

（一）回火的定义

回火是由于预热火焰燃烧速度失去平衡而引起的火焰倒流现象。

回火是一种非常危险的现象。回火一旦发生，若不能迅速排除，轻者能毁坏割炬，重者能引起气瓶的爆炸，造成设备事故和人身事故。因此，初学者必须对回火现象有清楚的认识和足够的重视。

（二）回火产生的原因

由于燃烧系统的故障使混合气体流动速度低于燃烧速度，预热火焰燃烧的正常速度遭到破坏，导致火焰向传气系统内部倒流，这是造成回火的根本原因。具体来讲，预热火焰燃烧系统出现故障造成回头的原因有：

①割嘴黏有金属飞溅物，预热火焰出气孔被阻塞，预热火焰混合气体不能畅通，导致供气不足。

②长时间的工作使割嘴过热，预热火焰混合气体通过割嘴时受热膨胀而不能畅通，导致供气不足。

③割嘴与工件的距离过小，预热火焰混合气体受阻不能畅通，导致供气不足。

④乙炔将要用尽，乙炔阀开得太小，乙炔气管受压、扭折、冻结、有杂物阻塞等导致供气不足。

⑤割炬阀体密封不严、密封、垫圈损坏或阀体损坏。

（三）回火与灭火的特征

1．回火

①回火时伴有“叭叭”爆鸣响声。②回火后正常火焰消失，燃烧倒流。③有时可看到从割嘴闪出微弱的火星。④从割炬内发出“嘶嘶”响声。⑤割嘴内无乙炔流出，无乙炔臭味。⑥割炬射吸管的温度急剧上升，摸着烫手。

2．灭火

①灭火时伴有“叭叭”爆鸣响声。②正常火焰消失，燃烧停止。③割嘴内没有“嘶嘶”响声。④割嘴内没有微弱的火星闪出。⑤割嘴内有少量乙炔流出，有乙炔散发的臭味。⑥割炬射吸管的温度没有明显上升。

（四）回火的排除

①初学者一定要树立战胜回火的信心，回火的确有很大的危险性，但是，熟练地掌握了回火的特征和排除回火的方法之后，则能够化险为夷。

②从回火发生到引起回火爆炸是有一个时间过程的，并不是回火一发生，乙炔瓶就立即爆炸。回火发生的初期，燃烧首先倒流至射吸管的外侧的混合气管内，在这里可以持续2～3 s，当燃烧再继续倒流至乙炔皮管及乙炔瓶内时，还需要2～3 s，这段时间总共5～6 s，对排除回火来说已是绰绰有余。

③对回火的出现要有充分的思想准备和清醒的头脑，以免回火发生时惊慌失措。如果听到回火时发出的“叭叭”响声，心就慌了，本来应该关阀门却误开大了，甚至把割炬扔掉甩手不管，这些都是十分危险的。

④回火的排除方法。在生产实践中，排除回火常用的方法是回火一旦发生，在右手食指控制下的预热氧阀应迅速地按顺时针方向转动将其关闭，然后关闭切割氧阀，最后关闭乙炔阀。也可以先将预热氧阀和切割氧阀同时关闭，最后关闭乙炔阀。用两种方法将回火排除以后，同样需要打开预热氧阀吹除内部的杂质。

⑤在切割练习前，应该对排除回火的操作方法进行反复地练习，长期下去头脑中就能形成条件反射，一遇到回火，就不会手忙脚乱，就能够不假思索，迅速、正确地关闭阀门。

（五）防止回火的措施

①切割前，要做好对工件的除锈去垢清理工作。

②最好把工件安排在专用切割平台上进行切割。如果在水泥地上切割工件，地面上要

垫好钢板，尽量减少水泥地面受热爆炸飞溅物的产生。

③割炬长时间工作或自反射火焰烘烤时，能使割嘴过热。发现后应立即停下来让割炬自然冷却后再用。如果急用割炬切割，也可以把割炬的割嘴部分浸泡在凉水中，待充分冷却后再继续使用。

④如果发现乙炔压力不足，要仔细查找原因，并根据找出的故障原因采取相应的排除措施。如果发现乙炔压力过低，应该及时更换乙炔瓶；如果发现乙炔气路系统中的阀门没有开足，应迅速开足乙炔阀门；如果发现乙炔气管受压、受折、受阻、冻结及断裂等故障应立即排除。

⑤如果发现割炬阀门密封不严，可拆开阀门进行检查，如果压紧螺母松动，可用扳手拧紧，如果密封垫圈损坏，应更换密封垫圈；如果阀体损坏，应研磨阀体或更换阀杆、严重损坏时，应更换割炬。

第六节　气焊与气割安全操作

气焊与气割安全操作主要应注意以下事项：

①进行气焊（气割）作业的人员必须持“特种作业操作证”方可上岗操作。

②氧气瓶、乙炔瓶的阀、表均应齐全有效，紧固牢靠，不得松动、破损和漏气。氧气瓶及其附件、胶管和开闭阀门的扳手上均不得沾染油污。

③氧气瓶应与其易燃气瓶、油脂和其他易燃物品分开保存，也不宜同车运输。氧气瓶应有防震胶圈和安全帽，不得在强烈阳光下暴晒。严禁用塔吊或其他吊车直接吊运氧气或乙炔瓶。

④乙炔胶管，氧气胶管不得错装。乙炔胶管为黑色，氧气胶管为红色。

⑤氧气瓶与乙炔瓶储存和使用时的距离不得少于10m，氧气瓶、乙炔瓶与明火或割炬（焊炬）间距离不得小于10m。

⑥点燃焊（割）炬时，应先开乙炔阀点火，然后开氧气阀调整火焰，关闭时先关闭乙炔阀，再关闭氧气阀。

⑦工作中如发现氧气瓶阀门失灵或损坏，不能关闭时，应让瓶内的氧气自动跑尽后再行拆卸修理。

⑧氧气胶管，外径18mm，应能承受2MPa气压，各项性能应符合GB 2550—2007中对氧气胶管的规定；乙炔胶管，外径16mm，应能承受0.5MPa气压，各项性能应符合GB 2550—2007中对乙炔胶管的规定。

⑨使用中，氧气软管着火时不得折弯胶管断气，应迅速关闭氧气阀门，停止供气。乙炔软管着火时，应先关熄炬火，可用弯折前面一段胶管的办法将火熄灭。

⑩未经压力试验的胶管或代用品及变质老化、脆裂、漏气的胶管及沾上油脂的胶管均不得使用。

⑪不得将胶管放在高温管道和电线上，或将重物或热的物件压在胶管上，更不得将胶管与电焊用的导线敷设在一起，胶管经过车道时应加护套或盖板。

⑫氧气瓶使用时立放也可平放（端部枕高），乙炔瓶必须立放使用。立放的气瓶要注

意固定，防止倾倒。

⑬不得将胶管背在背上操作。割（焊）炬内若带有乙炔、氧气时不得放在金属管、槽、缸、箱内。

⑭工作完毕后，应关闭氧气瓶、乙炔瓶，拆下氧气表、乙炔表，拧上气瓶安全帽。

⑮作业结束后，应将胶管盘起、捆好挂在室内干燥的地方，减压阀和气压表应放在工具箱内。

⑯工作结束，应认真检查操作地点及周围，确认无起火危险后，方可离开。

⑰对有压力或易燃易爆物品气割（焊）前必须经技术人员采取有效安全措施后，方可进行，否则严禁擅自进行气割（焊）作业。

第七节　气割新方法简介

随着新能源、新控制方法的研究及其在工业中的应用，火焰切割也将一些新能源新方法应用在切割领域，如采用新切割能源的氧-天然气的火焰切割、氧-汽油气的火焰切割、氧-氢（水电解）的火焰切割和采用先进控制技术的仿行切割、靠模切割、半自动切割、光电跟线切割、光电跟踪切割、数控可编程的全自动单嘴（多嘴）切割、定型产品的切割专机等在金属下料中逐渐被推广应用。下面简单介绍光电跟线气割和光电跟踪气割。

一、光电跟线气割

近年来，随着光电跟线气割机、数控气割机的研制、推广和使用，钢板气割自动化程度大大提高。这里介绍的手提式光电跟线气割机，它能自动跟踪气割，适用船体旁板、大肋骨等大弧度缓曲线气割，具有明显的优点。随着电印号料新工艺的研究和应用，光电跟线气割的使用范围逐渐扩大。

光电跟线气割的基本原理是利用在气割小车上装的光电检测装置，检测气割前在钢板上放样时划上一定粗细且均匀的白色号料线。钢板上的白色号料线条成像在光电检测元件中，当气割小车行走偏离线条时，光电检测元件中三个光电管所接受的感光量不同，这些不同感光量转变为电信号，通过放大后控制和调节执行马达的转动，并带动操向机构以纠正气割小车的行走偏差使小车始终跟踪钢板上的白线行走，并同时进行气割。

二、光电跟踪气割

光电跟踪气割是一种高效自动化气割工艺，由于跟踪的稳定性和传动的可靠性，大大提高了气割质量和生产率，同时降低了劳动强度。光电跟踪气割机在我国不少船厂已被广泛地采用。

光电跟踪气割机是由光学部分、电气部分和机械部分组成的自动控制系统，在构造上可分为指令机构（跟踪台和执行机构）、气割机两部分。气割机放置在车间工艺路线内进行气割，为避免外界震动和噪声等干扰，跟踪台被放置在离气割机 100 mm 范围内的专门工作室内，气割机与跟踪台之间，由电气线路联系进行控制。

光电跟踪气割机是利用改变脉冲相位的方法来达到光电跟踪的目的，即当光源激励灯的光通过光电头聚合成光亮的亮点，然后通过与网路频率同步的扫描电动机（3 000r/min），带动偏心镜使光点形成一个内径 1.5 mm，外径 2.1 mm 的光环，投射到跟踪台按比例缩小的图样上，光点旋转一周与图样线条交割两次，使光电管形成两个脉冲讯号，经电压放大后，控制闸流管，使之导通进行工作，从而带动执行的伺服电动机，使气割机按仿形图线条跟踪工作。

习　题

1. 氧气瓶为什么严禁沾染油脂物质？
2. 为什么与乙炔接触的设备或零件不能用紫铜或含铜量大于 70%的铜合金制造？
3. 气焊用碳钢焊丝有哪些？
4. 减压器的作用和工作原理是什么？
5. 用什么方法检查射吸式焊（割）炬的安全可靠性？
6. 气割的工艺参数有哪些？
7. 气焊的工艺参数有哪些？
8. 什么叫爆炸？爆炸的种类有哪些？
9. 爆炸上限（下限）的概念是什么？
10. 回火的原因是什么？应如何防止？
11. 气焊（割）操作时安全上应注意哪些？

第四章
常用电弧焊电渣焊及特种焊的安全技术

第一节　电气基本知识

一、电气理论知识简介

（一）电流

电荷在受到电力作用时表现的有规则的定向移动叫做电流。表示电流大小的物理量叫电流强度，它是指单位时间内穿过导线横截面积的电量。电流强度用字母“*I*”表示，常用单位是“安培”，简称“安”。用字母“A”表示。其余单位有“千安”（kA）；“毫安”（mA）；“微安”（μA）。各单位之间的关系是：

1 千安＝1 000 安培　　即 1 kA＝1 000A
1 安培＝1 000 毫安　　即 1A＝1 000 mA
1 毫安＝1 000 微安　　即 1 mA＝1 000 μA

（二）电压

两点电位之差叫电压。用字母 *U* 表示。电压的常用单位是“伏特”，简称“伏”，用字母 V 表示。其余单位有“千伏”（kV）；“毫伏”（mV）；“微伏”（μV）。各单位之间的关系是：

1 千伏＝1 000 伏　　即 1 kV＝1 000V
1 伏特＝1 000 毫伏　　即 1V＝1 000 mV
1 毫伏＝1 000 微伏　　即 1 mV＝1 000 μV。

（三）电阻

物体阻碍电流通过的作用叫电阻。用字母“*R*”表示。电阻的常用单位是“欧姆”，简称“欧”，用字母“Ω”表示。其余常用单位有“千欧”（kΩ）；“兆欧”（MΩ）。各单位之间的关系是：

1 千欧＝1 000 欧　　即 1 kΩ＝1 000Ω
1 兆欧＝1 000 千欧＝1 000 000 欧　　即 1MΩ＝1 000 kΩ＝1 000 000Ω

（四）电功率

单位时间内电场力所做的功叫电功率。用字母“*P*”表示。常用单位“瓦特”，简称“瓦”用字母“W”表示。其常用单位有“千瓦”（kW），“兆瓦”（MW）。各单位之间的关系是：

1千瓦＝1000瓦，即1 kW＝1 000W

1兆瓦＝1000千瓦＝1000000瓦，即1MW＝1 000 kW＝1 000 000W

电功率与电压、电流的关系是：

$$P=IU$$

式中：I——电流强度，A；

U——电压，V；

P——电功率，W。

（五）欧姆定律

欧姆定律是计算电路的最基本定律，可用下列公式表示：

$I= U/R$（I、U、R 的单位分别为常用单位，同上所述）

（六）电能

电流在一段时间内所做的功叫电能。用字母“*W*”表示。常用单位为“千瓦·时”，它与电功率及时间的关系是：

$$W= Pt$$

式中：P——电功率，kW；

t——时间，h；

W——电能，kW·h。

（七）电能转换为热能

$$Q=I^2Rt$$

式中：Q——热量，J；

t——时间，s。

I、R 的单位分别为A、Ω。

二、电流对人体的危害

（一）电流对人体的伤害

1．电击

电击是指电流通过人体内部，破坏心脏、肺部及神经系统的正常工作，导致死亡。通电体的触电事故。大部分触电事故都是单相触电事故；

②两相触电。即人体两处同时触及两相带电体的触电事故。由于人体所受到的电压可高达 220V 或 380V，所以危险性很大；

③跨步电压触电。当带电体接地有电流流入地下时，电流在接地点周围的土壤中产生电压降，人在接地点周围，两脚之间出现电压、即跨步电压。由此引起的触电事故称为跨步电压触电。高压故障接地处或有大电流通过的接地装置附近，都可能出现较高的跨步电压；

④高压触电。在 1 000V 以上的高压电气设备上，当人体过分接近带电体时，高压电能将空气击穿使电流通过人体，此时还伴有高温电弧，能把人烧伤。

2．电伤

电伤是由于电流的热效应、化学效应或机械效应的作用，对人体外部的伤害，如电弧烧伤或熔化金属溅出烫伤等。

3．电磁场生理伤害

电磁场生理伤害是指在高频电磁场的作用下，器官组织及其功能将受到损伤，主要表现为神经系统功能失调，如头晕、头痛、失眠、健忘、多汗、心悸、厌食等症状，有些人还会有脱发、弱视等异常症状。如果伤害严重，还可能在短时间内失去知觉。电磁场对人体的伤害作用是功能性的，并且有滞后性特点。如在高强度电磁场作用下长期工作，此症状可能持续成痼疾，甚至遗传给后代。

（二）电流对人体危害严重程度的因素

电流对人体危害的程度与下列因素有关：

1．流经人体的电流的强度

通过人体的电流越大，引起心室颤动所需的时间越短，致命危险性越大。能使人感觉到的电流称为感知电流、工频交流电约 1mA，直流电约 5mA、交流电 5mA 即能引起轻度痉挛：人触电后自己能摆脱电源的最大电流称为摆脱电流，交流电约 10mA，直流电约 50mA；在较短时间内危及生命的最小电流称为致命电流，交流电约 50mA。在有防止触电的保护装置情况下，人体允许电流一般可按 30mA 考虑。

通过人体的电流取决于外加电压和人体电阻。影响人体电阻的因素较多，如皮肤潮湿多汗，带有导电性粉尘，加大电阻的接触面积和压力等，都会降低人体电阻。在一般情况下人体电阻可按 1 000～1 500Ω估计，在不利的情况下人体电阻（体内电阻）一般不低于 500～650Ω。通常通过人体的电流是不可能事先计算出来的，因此，为确定安全条件，不按安全电流而以安全电压来估计。即人体电阻可按 1 000～1 500Ω考虑，通过人体的电流可按不引起心室颤动的最大电流 30 mA 考虑。则

$$安全电压\ U=30\times10^{-3}\times（1\,000-1\,500）=30\sim45（V）$$

我国现规定有 42V、36V、24V、12V、6V 5 个等级的安全电压，应根据不同的作业环

间歇，这 0.1 s 对电流最为敏感，如果电流在这一瞬间通过心脏，即使电流很小，也会引起心脏振颤。如果电流不在这一瞬间通过心脏，即使电流很大（达到 10A）也不会引起心脏麻痹。由此可知，如果电流持续时间超过 1 s，则必然与心脏最敏感的间歇重合，造成很大危险。

3．电流通过人体的途径

一般认为，通过心脏、肺部和中枢神经系统的电流越大，电击的危险性也越大，特别是电流通过心脏时，危险性最大，几十毫安的工频交流电即可引起心室颤动，从而导致死亡。电流通过人的头部会使人立即昏迷，若电流过大，会对脑产生严重的损害，甚至不醒而死亡。电流通过脊髓，可能导致半截肢体瘫痪。电流通过心脏，可能引起心室颤动或心脏停止跳动，中断全身血液循环，导致死亡。可以肯定，从手到脚的电流途径最为危险，因为沿这条途径有较多的电流通过心脏、肺部和脊髓等重要器官。其次是从手到手的电流途径，再次是从脚到脚的电流途径。电流从脚到脚的危险性虽然较小，但很容易因剧烈痉挛而摔倒，导致电通过全身或摔伤、坠落等严重的二次事故。

4．电流的频率

通过采用的工频交流电，对于设计电器设备来说比较合理，但对人的安全来说是最危险的频率。20～300Hz 的交流电对心脏的影响最大；2 000Hz 以上的交流电对心脏的影响较小。高频电的伤害程度较工频电轻得多，但高压高频电也有电击致命的危险。

5．人体健康状况

人体健康状况不同，对电流的敏感程度，以及通过同样的电流的危险程度都不完全相同。凡患有心脏病、神经系统病、结核病等病症的人，受电击伤害的程度都比较重。

第二节　常用电弧焊方法的基本原理和安全特点

一、手工电弧焊

（一）基本原理

手工电弧焊是电焊工艺中最基本、用途最广泛的焊接方法。它是利用电弧放电（俗称电弧燃烧）所产生的热量，将工件与焊条熔化，冷凝后形成焊缝，从而获得牢固的接头。如图 4-1 所示。

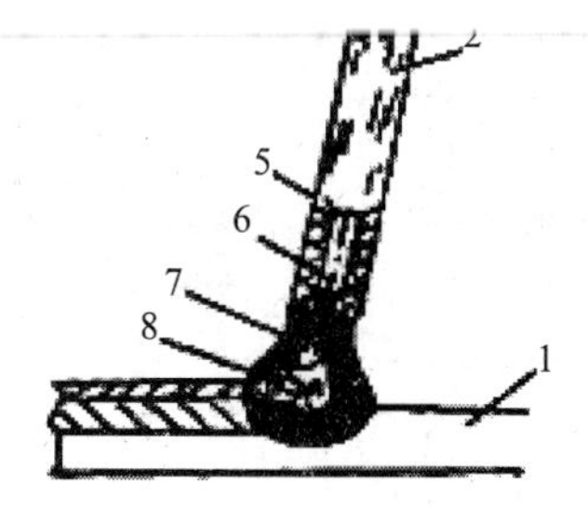

1—焊件；2—焊条；3—电缆；4—焊钳；5—焊条药皮；6—焊芯；7—电弧；8—熔滴

图 4-1 手工电弧焊示意图

1．电弧

在电极之间的气体介质强烈而持久的放电现象称为电弧。电弧所放出的强烈光能可用于照明，如探照灯、弧光灯等。电弧的高热可用于焊接、切割及电弧冶炼等。

产生焊接电弧的操作过程称为引弧。引弧时，在高温电场发射电子的作用下，使两极间的空气剧烈电离而产生电弧。因此，气体电离及阴极电子发射是电弧燃烧的必要条件。

电弧各部分所产生的热量是不同的，它与电极材料、极性和部位有关。一般来说，弧柱中心最高温度可达 6 000～8 000℃，两极可达 2 400～2 600℃。

电弧的强光包括可见光、红外线和紫外线 3 部分。这些光线对人体有不同程度的影响。

2．空载电压和工作电压

开始引弧时，由于两极间的气体介质尚未电离，为了便于引弧，就必须增强电子发射的能力，这就需要电源提供较高的电压，这个电压称为“空载电压”。一般直流为 55～90V，交流为 60～80V。

引燃电弧后，为保证电弧能稳定燃烧，两极间必须保持一定的电压，这个电压叫工作电压，它与电弧的长短有关，一般为 16～35V。

（二）手工电弧焊设备

手工电弧焊设备按电流的种类一般可分为直流和交流两大类。直流弧焊机按整流的方式不同又分为：整流焊机、逆变弧焊机和旋转式直流焊机。

1．交流弧焊机的构造及工作原理

交流弧焊机有一个具有陡降外特性的特殊结构的降压变压器，有漏磁式、同体式和动圈式等几种类型。图 4-2 是目前使用较广泛的 BX_1-330 型交流弧焊机，属漏磁式类型。其空载电压为 60～70V，工作电压为 30V，电流调节范围 50～450A。

焊机的降压外特性是借可动铁芯的漏磁作用而获得的。空载时，次级线圈无焊接电流通过，电抗线圈不产生电压降，有较高的空载电压，便于引弧。焊接时，次级线圈有焊接电流通过，同时在铁芯中产生磁通，可动铁芯中的漏磁显著增加，次级电压就下降，从而获得陡降的外特性。短路时，很大的短路电流电抗线圈，产生很大的电压降，使次级线圈的电压接近于零，因而限制了短路电流。

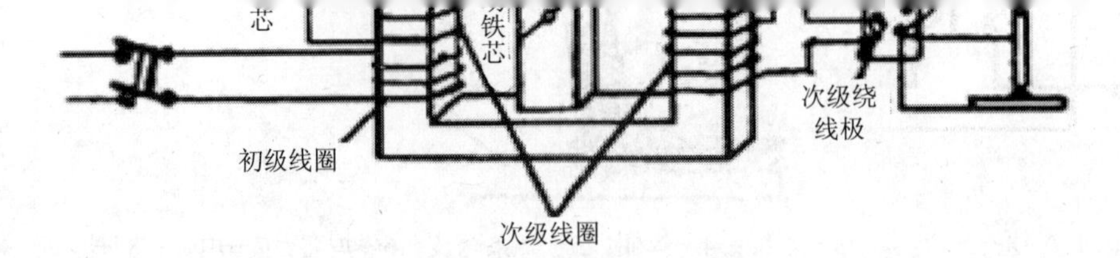

图 4-2　BX_1-330 型交流弧焊机

2．直流弧焊机

（1）旋转直流焊机（现已淘汰可作了解）

这种焊机由一台三相感应电动机和一台裂极式直流发电机组成，图 4-3 所介绍的是 AX-320 型旋转直流弧焊机。空载电压为 50～80V，工作电压为 30V，电流调节为 45～320A。它有 4 个磁极，水平方向称主极，垂直方向称交极，主极带有缺口，这样就使截面积减小，工作时磁性能迅速达到饱和，它的磁极排列与普通直流发电机有所不同，两个南极，两个北极，都是相邻配置的，它们合成的磁通好像一对想象的磁极，所以称裂极式直流弧焊发电机，其电流调节可通过改变电刷的位置进行粗调；通过装在焊机上部变阻器改变激磁电流的大小进行细调。

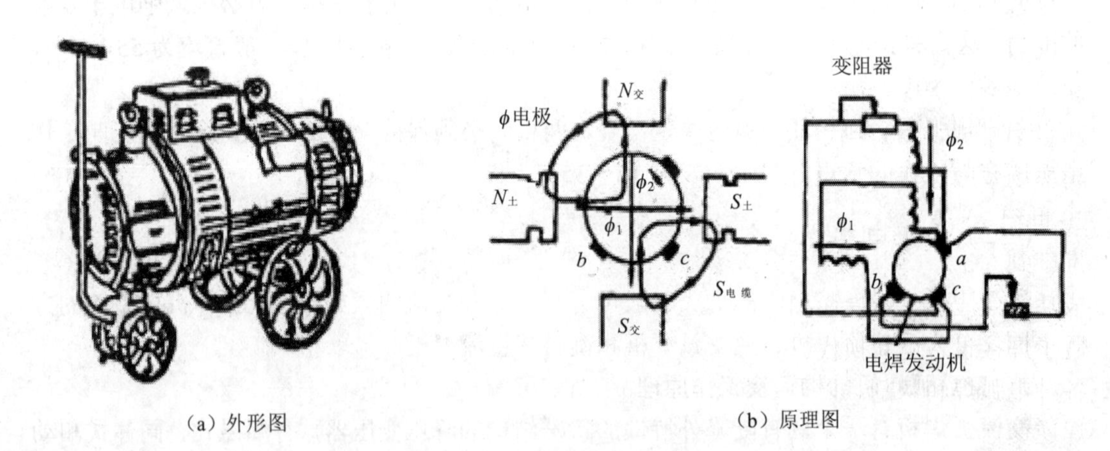

（a）外形图　　（b）原理图

图 4-3　AX-230 型旋转直流弧焊机

（2）整流弧焊机

这类焊机是将交流电通过整流而转变为直流电的弧焊设备。一般是以硅整流二级来整流。图 4-4 是一种单相硅整流的弧焊机。它是在普通交流弧焊机的基础上增加了一个单相整流电路，它的电流细调节是通过改变电抗器的阻抗来实现的。粗调节是通过改变次级绕组匝数来实现的。

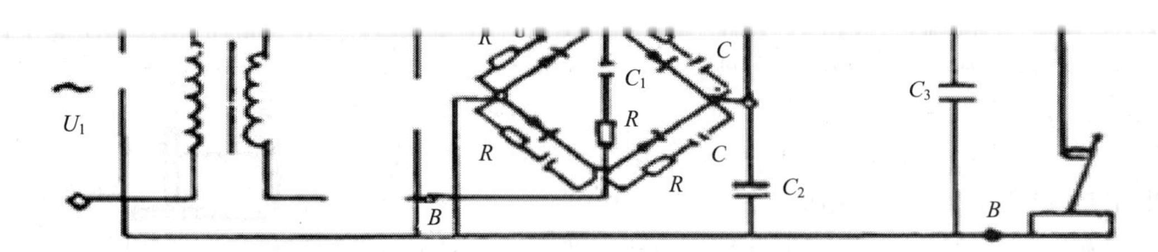

图 4-4　单相硅整流弧焊机

焊机的交流部分与交流焊机相同，其次级的输出端通过四个硅整流二极管整流和电容 C_2、电感 L 滤波，得到较平稳的直流焊接电流，图 4-4 中 C_1、R_1、R、C 均是为保护硅二极管的。

整流弧焊机根据整流电子元件的不同有可控硅和二极管整流两种，可控硅如 ZX5 系列，目前使用较广，二极管整流如 ZX4 系列，目前使用不多见。

（3）逆变直流弧焊机

这种焊机是一种新型、高效、节能直流焊接电源，这种焊机具有极高的综合指标。它的出现，作为直流焊接电源的更新、换代产品，已普遍受到各国的重视。在我国也逐渐得到广泛应用。

①国内外逆变式焊机发展与应用现状。现代焊接设备的发展与电力电子技术和器件的发展密切相关。20 世纪 50 年代末，功率半导体二极管开始用于焊接电源，所构成的弧焊整流器明显优于弧焊发电机。20 世纪 70 年代初，由晶闸管（SCR）构成的可控整流式弧焊机的出现标志着现代电力电子技术开始进入焊接电源设备领域。SCR 弧焊机的电气特性和工艺特性优于二极管整流弧焊机，是当时广泛应用的一种重要焊接电源设备。20 世纪 70 年代中期到 80 年代中期，性能优良的自关断电力电子开关器件：功率晶体管（GTR），功率场效应管（MOSFET），绝缘栅晶体管（IGBT），可关断晶闸管（GTO）等相继出现。20 世纪 70 年代末开始出现晶闸管式逆变弧焊机并主要应用于 TIG 和手工电弧焊，后来又推广到 CO_2、MAG 等焊接方法和切割。1982 年，华南理工大学访问学者在德国首先研制成功场效应管式弧焊逆变器，其应用领域从 TIG 到手工电弧焊、气体保护焊以及切割，促进了焊接设备更新换代的发展。20 世纪 80 年代末又出现 IGBT 式逆变焊机，主要应用于各种电弧焊和切割。以功率晶闸管、晶体管、MOSFET、IGBT 等为开关器件的新一代弧焊逆变器，采用高频 PWM 开关技术和微电子控制技术，淘汰了笨重的工频变压器和笨拙的电磁控制方式。它不仅具有高效节能、体积小、重量轻、多功能、多用途等优点，而且具有良好的动、静态特性和工艺特性。因而，新一代的弧焊逆变器自问世以来，受到广泛的重视，发展迅猛。1989 年的世界焊接与切割博览会（埃森博览会）上有 30 多家厂商展出了弧焊逆变器。1993 年的埃森国际焊接展览会上，绝大多数的厂商都展出了弧焊逆变器及设备。据 IIW XIIC 1993 年 11 月所作的调查，逆变式焊机在日、美、欧等地使用的焊机中占 17%，其中在气体保护焊和 TIG 焊中占 30%以上。到了 1996 年，日本日立公司的 IGBT 逆变焊机已占 MIG/MAG 焊机的 70%，占 TIG 焊机的 95%以上，占切割机的 100%，日本

逆变频率为 20 k～50 kHz。第三代为 IGBT 弧焊逆变器，逆变频率为 20 k～30 kHz。到 20 世纪 90 年代初，多个规格的一、二、三代的弧焊逆变器已在多所高校和研究所研究成功，并逐渐进入小批量生产，但大批量生产和大面积推广应用逆变式焊机大约在 20 世纪 90 年代中后期。

②逆变式焊机的发展方向。逆变式焊机总的发展趋向是向着大容量、轻量化、高效率、模块化、智能化发展，并以提高可靠性、性能及拓宽用途为核心，愈来愈广泛应用于各种弧焊方法、电阻焊、切割等工艺中。高效和高功率密度（小型化）是国际上弧焊逆变器追求的主要目标之一。高频化和降低主要器件的功耗是实现这一目标的主要技术途径。当前，在日、美、欧等国和地区，20 kHz 左右的弧焊逆变器技术已经成熟，产品的质量较高且产品已系列化。弧焊逆变技术正朝以下方向发展：沿 20 kHz 的技术路线开发研制 50 kHz、100 kHz 级的弧焊逆变器；探讨旨在降低电力电子器件开关功耗，提高开关频率的零电压，零电流开关（软开关）技术，其中包括电路拓扑结构和工程技术；研制和生产大容量的逆变式焊机；研制和生产智能控制的逆变式焊机；研究功率因数校正和减少电网谐振干扰。

③焊接电源的额定负载率和额定工作电流。焊机在焊接过程中都有不同程度的发热。当发热严重，温升过高，焊机就会烧毁。因此，必须对温升有一定限制（一般不超过 60～80℃）。焊机温升与两个因素有关：一是焊接电流的大小；二是通电时间是连续的或是间断的。所以在一定的时间周期内焊机通电时间用负载率来表示，其计算方法如下：

$$负载率=\frac{在选定的工作时间周期内焊机负载的时间}{选定的工作时间周期}\times 100\%$$

我国有关规定 500A 以下的焊机选定的工作时间周期为 5 分钟，也就是说在每 5 分钟内，电弧燃烧的时间除以 5 分钟即是此时的负载率。手工焊时，每 5 分钟电弧燃烧的时间总要小于 5 分钟，所以我国规定手工电弧焊机的额定负载率为 60%，焊机标牌上的电流也就是在额定负载率负荷状态下允许使用的焊接电源，这个电流就是额定工作电流。

“额定负载率”和“额定工作电流”是保证焊机安全使用的重要技术数据，在焊接过程中是必须遵循的。

（三）手工电弧焊设备的安全操作

1．交流弧焊机

①初、次级接线不得接错。输入电压必须和焊机铭牌一致，合闸后严禁接触初级线路带电部分。

②次级抽头联结铜片必须压紧，接线柱应有垫圈，合闸前应详细检查接线螺帽、螺栓及其他部件应无松动或损坏。

③移动电焊机时应先停机断电，不得用拖拉电缆的方法移动焊机。如焊接中突然停电

①焊机要在原厂使用说明书要求的条件下工作。

②使用时应先打开风扇电机，观察电压表示值应正常，仔细察听应无异响，停机后应清洁硅整流器及其他部件。

③严禁用摇表测试电焊机主变压器的次级线圈和控制变压器的次级线圈。

（四）电焊条

1．电焊条的组成和分类

涂有药皮的供电弧焊使用的熔化电极叫电焊条，它是由药皮和焊芯两部分组成，焊芯一方面起传导电流和引燃电弧的作用，另一方面又作为填充金属，与熔化的母材形成焊缝。药皮起着稳弧、造气、造渣、渗合金等重要作用。具体组成和作用见表 4-1。在焊条前端药皮有 45° 左右的倒角，这是为了便于引弧。在尾部有一段裸焊芯，约占焊条总长的 1/16，便于焊钳夹持并有利于导电。焊条的直径（实际上是指焊芯直径）通常为 2 mm、2.5 mm、3.2 mm 或 3 mm、4 mm、5 mm 或 6 mm 等几种规格，其长度一般在 250～450 mm 之间。焊条的分类方法很多，按焊条药皮的主要成分可将焊条分为：氧化钛型、钛钙型、低氢钾型等；按熔渣的酸碱性可将焊条分为：酸性焊条和碱性焊条两大类；按焊条的用途可将焊条分为：结构钢焊条、铬镍不锈钢焊条、堆焊焊条、铜及铜合金焊条、铝及铝合金焊条和特殊用途焊条等；按焊条的性能分类为：低尘低毒焊条、立向下焊条、水下焊条、重力焊条等。

表 4-1　药皮原料的种类名称及其作用

原料种类	原料名称	作用
稳弧剂	碳酸钾、碳酸钠、长石、大理石、钛白粉、钠水玻璃、钾水玻璃	改善引弧性能和提高电弧燃烧稳定性
脱氧剂	锰铁、硅铁、钛铁、铝石墨、木炭	降低药皮或熔渣的氧化性（先期脱氧）和脱除金属中氧
造渣剂	大理石、萤石、菱苦土、长石、花岗石、黄土、钛铁矿、锰矿、赤铁钛白粉、金红石	造成具有一定物理化学性能的熔渣，并能良好地保护焊缝和改善焊缝形成
造气剂	淀粉、木屑、纤维素、大理石	进一步加强对焊接区的保护
合金剂	锰铁、硅铁、钛铁、铬铁、钼铁、钨铁、钒铁、石墨	使焊缝金属获得必要的合金成分
黏结剂	钾水玻璃、钠水玻璃	将药皮牢固黏结在焊芯上
稀渣剂	萤石、长石、钛铁矿、钛白粉、锰矿	增加熔渣的流动性，降低熔渣的黏度

2．焊条的型号（以碳钢焊条为例）

焊条型号表示方法如：

表示熔敷金属的抗拉强度的最小值

表示焊条

注：每个型号中包括的字母“E”表示焊条；前两位数字表示熔敷金属抗拉强度的最小值，单位为MPa；第三位数字表示焊接位置，“0”和“1”都表示适用于全位置焊接，“2”适用于平焊及平角焊，“4”表示适用于向下立焊；第三位和第四位数字后面附加“R”表示耐吸潮焊条，附加“M”表示对吸潮和力学性能有特殊规定的焊条，附加“—1”表示冲击性能有特殊规定的焊条。

二、钨极氩弧焊

氩弧焊是以氩气作为保护气体的一种非熔化极气体保护电弧焊方法。

（一）氩弧焊的过程

氩弧焊的焊接过程如图 4-5 所示。从焊枪喷嘴中喷出的氩气流，在电弧区形成严密的保护气层，将电极和金属熔池与空气隔绝；同时，利用电极（钨极或焊丝）与焊件之间产生的电弧热量，来熔化附加的填充焊丝或自动给送的焊丝及基本金属，待液态熔池金属凝固后即形成焊缝。

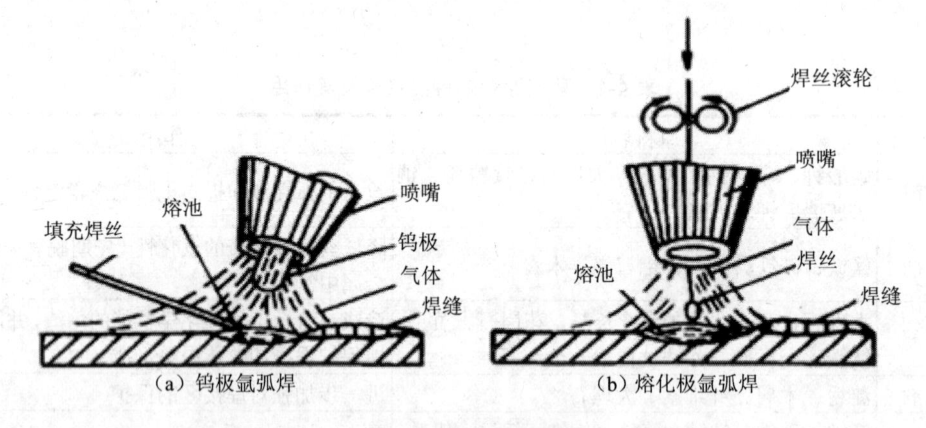

图 4-5　氩弧焊示意图

由于氩气是一种惰性气体，它不与金属起化学反应，被焊金属中的合金元素不会氧化烧损，而且在高温时不溶解于液态金属，使焊缝金属不易产生气孔，同时，氩气对电弧和熔池金属的保护是有效和可靠的，可以得到较高的焊接质量。

（二）氩弧焊的特点

氩弧焊与其他电弧焊方法比较特点是：

2．焊接变形与应力小

因为电弧受氩气流的冷却和压缩作用，电弧的热量集中，且氩弧的温度又很高，故热影响区很窄。焊接变形与应力小，特别适宜于焊接很薄的材料。

3．可焊的材料范围很广

几乎所有的金属材料都可进行氩弧焊，特别适宜焊接化学性质活泼的金属和合金。通常，多用于焊接铝、镁、钛、铜及其合金和低合金钢、不锈钢及耐热钢等。

由于氩弧焊具有这些显著的特点，随着有色金属、高合金钢及稀有金属的产品结构日益增多，而用一般的气焊、电弧焊方法已不易达到所要求的焊接质量，所以，氩弧焊的焊接技术得到越来越广泛的应用。

4．易于实现机械化

因是明弧焊，便于观察与操作，尤其适用全位置焊接，并容易实现焊接的机械化和自动化。

（三）氩气

氩气是无色、无味的气体。氩在空气中的含量按体积计为 0.935%，故是一种稀有气体。氩气是制氧过程中得到的副产品。

氩弧焊对氩气的纯度要求很高，如果氩气中含有一些氧、氮和少量其他气体，将会降低氩气保护性能，对焊接质量造成不良影响。目前生产的工业纯氩，其纯度高达 99.99%，可完全满足氩弧焊的需要。由于氩气比空气重 25%，因而气流不易飘浮散失，有利于对焊接区的保护作用。

焊接用工业纯氩以瓶装供应，在温度 20℃时满瓶压力为 14.7MPa，容积一般为 40L。氩气钢瓶外表应涂灰色，并标有“氩气”的字样。

（四）氩弧的特性

在氩气保护下的电弧具有两方面的特性。

1．引燃电弧较困难

气体电离是引燃电弧的必要条件之一，为使气体分子或原子电离所需的能量即为电离势。几种气体的热物理性能见表 4-2。

表 4-2　几种常用保护气体的物理性质

保护气体	电离电位/eV	0℃的热容量/[J/（g·K）]	0℃的导热率/[J/（m·h·K）]	稳定性
氦	24.5	21.16	0.514	良好
氩	15.7	0.522 5	0.068	最好
氮	14.5	1.036 6	0.877	满意
氢	13.5	14.212	0.618	不好

就很稳定，在常用的保护气体中，氩弧的稳定性最好。

（五）氩弧焊的安全知识

①焊机必须可靠接地，没有地线不准使用。

②焊机在使用前，必须检查水管和气管的连接，保证焊接前正常供水供气，不许漏水和漏气。

③焊枪要有良好的隔热、绝缘性能。

④工作完毕和临时离开工作场地时，必须切断焊机电源及气门、水门开关。

⑤工作前要穿好工作服和胶鞋，工作服最好用粗毛织品或耐腐蚀性强的非棉织品。

⑥在引弧和施焊时，要注意挡好避光屏，以免强烈的弧光伤害别人。

⑦室内焊接场地，必须配置良好的通风设备。

⑧因钍有放射性危害，故要求磨削钍钨极的砂轮机必须装有除尘设备或有良好的抽风装置。

⑨焊接过程中避免钨极与焊件短路。

⑩更换钨极时要等到焊枪冷却，防止烫伤。

氩弧焊适用范围与方法见表 4-3 所示。

表 4-3 氩弧焊适用范围与方法

被焊材料	焊件厚度/mm	焊接方法	电源种类和极性
钛及钛合金	0.5～3.0 ＞2.0	钨极氩弧焊 熔化极氩弧焊	直流正接 直流反接
镁及镁合金	0.5～5.0 ＞2.0	钨极氩弧焊 熔化极氩弧焊	交流或直流反接 直流反接
铝及铝合金	0.5～4.0 ＞3.0	钨极氩弧焊 熔化极氩弧焊	交流或直流反接 直流反接
铜及铜合金	＞0.5 ＞3.0	钨极氩弧焊 熔化极氩弧焊	直流正接 直流反接
不锈钢、耐热钢	0.5～3.0 ＞2.0	钨极氩弧焊 熔化极氩弧焊	直流正接或交流 直流反接

三、CO_2气体保护

CO_2气体保护焊是用 CO_2 作为保护气体，依靠焊丝与焊件之间产生的电弧来熔化金属的一种气体保护焊方法，简称 CO_2 焊。

由送丝机构带动，经软管和导电嘴不断地向电弧区域送给；同时，CO_2气体以一定的压力和流量送入焊枪，通过喷嘴后，形成一股保护气流，使熔池和电弧不受空气的侵入。随着焊枪的移动，熔池金属冷却凝固而成焊缝，从而将被焊的焊件连成一体。

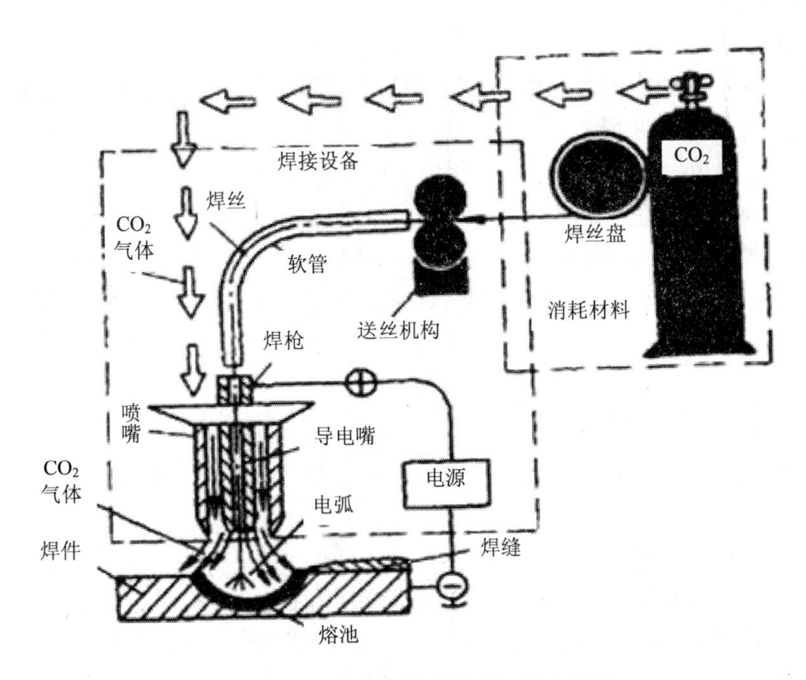

图 4-6　CO_2气体保护焊焊接过程示意图

CO_2焊按所用的焊丝直径不同，可分为细丝CO_2气体保护焊（焊丝直径为 0.5～1.2mm）及粗丝CO_2气体保护焊（焊丝直径为 1.6～5mm）。按操作方式又可分为CO_2半自动焊和CO_2自动焊。主要区别在于：CO_2半自动焊用手工操作焊枪完成电弧热源移动，而送丝、送气等同CO_2自动焊一样，由相应的机械装置来完成。CO_2半自动焊的机动性较大，适用不规则或较短的焊缝；CO_2自动焊主要用于较长的直线焊缝和环缝等焊缝的焊接。

（二）CO_2气体保护焊的特点

1．焊接成本低

CO_2气体来源广、价格低，而且消耗的焊接电能少，因而CO_2焊的成本低。

2．生产率高

因CO_2焊的焊接电流密度大，使焊缝有效厚度增大，焊丝的熔化率提高，熔敷速度加快；另外，焊后没有焊渣，特别是多层焊接时，节省了清渣时间。所以生产率比手弧焊高 1～4 倍。

3．抗锈能力强

CO_2焊对铁锈的敏感性不大，因此焊缝中不易产生气孔。而且焊缝含氢量低，抗裂性因是明弧焊，可以看清电弧和熔池情况，便于掌握与调整，也有利于实现焊接过程的机械化和自动化。

6．适用范围广

CO_2焊可进行各种位置的焊接，不仅适用焊接薄板，还常用于中、厚板的焊接，而且也用于磨损零件的修补堆焊。

但是，CO_2焊也存在一些缺点，如使用大电流焊接时，焊缝表面成形较差，飞溅较多；不能焊接容易氧化的有色金属材料；很难用交流电源焊接及在有风的地方施焊。

由于CO_2焊的优点显著，而其不足之处，随着对CO_2焊的设备、材料和工艺的不断改进，将逐步得到完善与克服。因此，CO_2焊是一种值得推广应用的高效焊接方法。所以目前CO_2焊技术已在焊接生产中广泛的应用，有取代手弧焊的发展趋势。

（三）使用CO_2焊机的注意事项

①初次使用焊机前，必须认真阅读说明书，了解与掌握焊机性能，并在有关人员指导下进行操作。

②严禁焊接电源短路。

③严禁用摇表（兆欧表）去检查焊机主要电路和控制电路。如需检查焊机绝缘情况或其他问题，使用摇表时，必须将硅元件及半导体器件摘掉，方能进行。

④使用焊机必须在室温不超过40℃、湿度不超过85%的无有害气体和易燃、易爆气体的环境中。CO_2气瓶不得靠近热源或在太阳光下直接照射。

⑤焊机接地必须可靠。

⑥焊枪不准放在焊机上，也不得随意乱扔乱放，应放在安全可靠的地方。

⑦经常注意焊丝滚轮送丝情况，如发现送丝滚轮磨损而出现的送丝不良，应换上新件。使用时不宜把压丝轮调得过紧，但也不能太松，调到焊丝输出稳定可靠为宜。

⑧定期检查送丝机构齿轮箱的润滑情况，必要时应加添或更换新的润滑油。

⑨经常检查导电嘴磨损情况，磨损严重时，应及时更换。

⑩必须定期对CO_2半自动焊丝输送软管以及弹簧管的工作情况进行检查，防止出现漏气或送丝不稳定等故障。对弹簧软管的内部要定期清洗，并排除管内脏物。

⑪经常检查CO_2气体的预热器和干燥器的工作情况，保证对气体正常加热和干燥。

⑫操作人员工作结束后或临时离开工作现场时，要切断电源，关闭水源和气源。

四、埋弧自动焊

（一）埋弧自动焊原理

埋弧焊是电弧在焊剂层下燃烧进行焊接的方法。因地埋弧焊又叫焊剂层下自动焊。可构、焊丝盘、焊剂漏斗和操纵盘等都装在焊接小车上。随着焊丝的给送和小车的移动，从而形成所需要焊缝。埋弧焊生产率高、焊缝质量高焊件变形小、节省材料和电能、改善劳动条件。

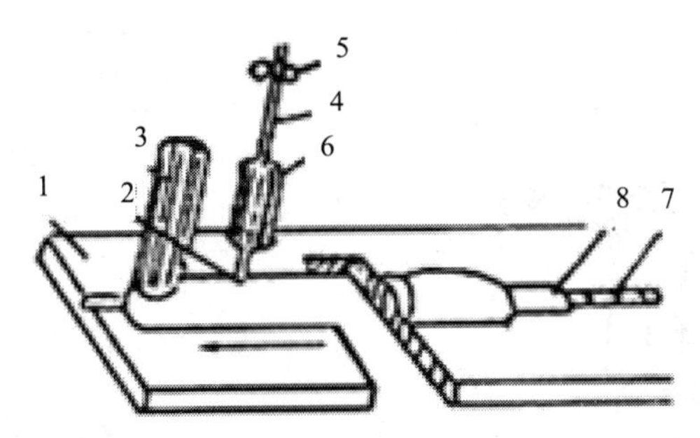

1—焊件；2—焊剂；3—焊剂漏斗；4—焊丝；5—焊丝给送滚轮；6—导电嘴；7—焊缝；8—渣壳

图 4-7 埋弧自动焊示意图

（二）埋弧自动焊、半自动焊的安全特点

1. 存在触电危险

埋弧自动焊机是一种安全性较高的自动化设备。在操作盘上一般都是安全电压，但控制箱上有 380V 或 220V 电源，所以也存在触电危险。

2. 弧光伤眼

埋弧自动焊的电流较大，一旦埋弧不良，弧光对焊工及其周围的人的眼睛刺激较严重。

（三）埋弧自动、半自动焊机的安全操作

①焊丝送进滚轮的沟槽及齿纹应完好，滚轮、导电嘴（块）磨损或接触不良时应更换。

②检查减速箱油槽中的润滑油，不足时应添加。

③软管式送丝机构的软管槽也应定期吹洗，保持清洁。

第三节 电渣焊与碳弧焊及碳弧气刨安全技术

一、电渣焊安全技术

（一）基本原理

电渣焊是利用电流通过液体熔渣时所产生的电阻热作为热源来熔化电极（即填充金属）和焊件形成焊缝的一种焊接方法。

把电源的一端接在电极上，另一端接在焊件上，电流由电极经具有一定导电性的熔丝（不摆动）可焊厚度为40～60 mm；单丝摆动可焊厚度为60～150 mm；而三丝摆动可焊厚度达450 mm。

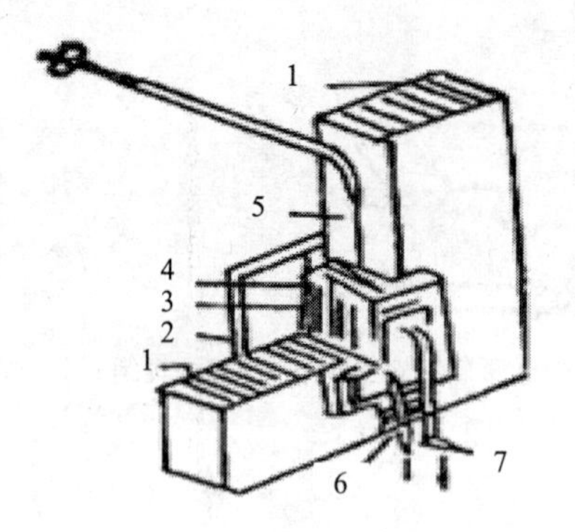

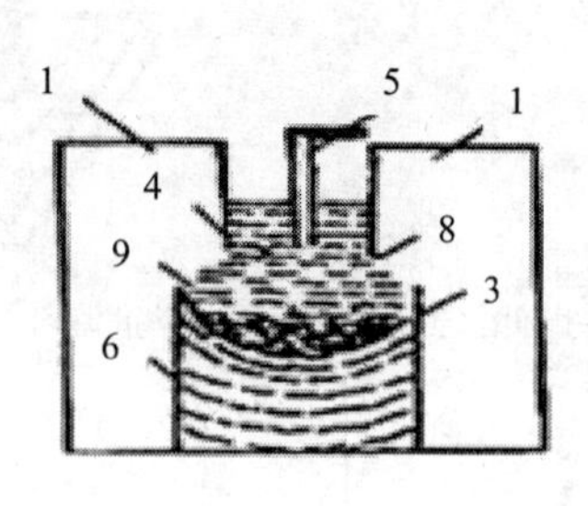

1—焊件；2—冷却滑块；3—金属熔池；4—渣池；5—电极；
6—焊缝；7—冷却水管；8—熔滴；9—焊件熔化金属

图4-8　电渣焊过程示意图

（二）电渣焊安全特点

①存在弧光伤害。电渣焊电流很大，在短路或极板抬起时，露出弧光，会伤害眼睛和皮肤。

②存在高温辐射。工件的焊接部位金属被加热到赤热状态，能产生高温辐射。

③存在灼伤和火灾的危险。高辐熔池和液态金属，会因电弧爆炸、漏水爆炸或漏渣造成喷溅，引起灼伤和火灾。

④存在有毒物质危害。焊接过程中，产生二氧化硅、氧化锰、氟化物等有毒物质。

（三）电渣焊安全操作

①焊工操作时，应佩戴电焊面罩，护目镜及工作服。

②焊工佩戴石棉手套，穿胶底鞋，防止触电。

③焊接前应检查供水管道及其构件是否完好无损，场地周围有无易燃物质，以免引起爆炸或造成灼伤或火灾。

④当滑块，垫板等与焊件贴合不够严密时，应使用专用胶泥堵塞，禁止使用湿的石棉堵塞，以防喷溅。

⑤焊接结束时，必须在减少焊丝给进的同时，降低焊接电压，以免渣池沸腾造成伤害。

（一）碳弧焊基本原理

碳弧焊是应用较早的一种非熔化极电弧焊。它是用碳精或石墨作电极，在焊件和电极间产生电弧来熔化焊件和填充焊丝的手工焊接方法。其焊接过程如图 4-9 所示。碳弧焊可进行铝、铜有色金属的焊接，但质量不太稳定，已逐步被一些新的焊接方法（如氩弧焊、等离子焊）所取代。

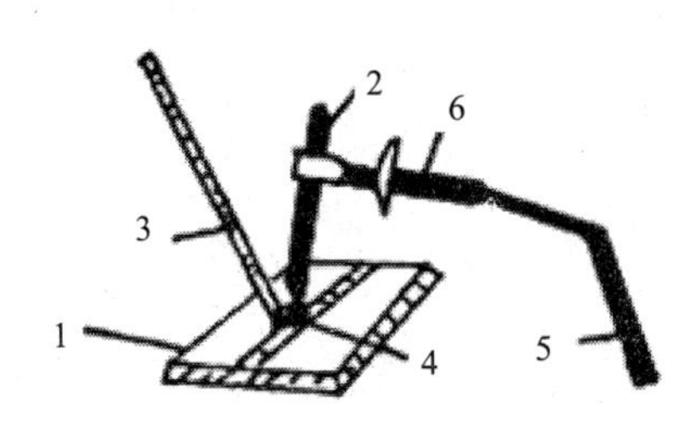

1—电极；2—碳极；3—填充焊丝；
4—电弧；5—导线；6—焊钳

图 4-9　碳弧焊示意图

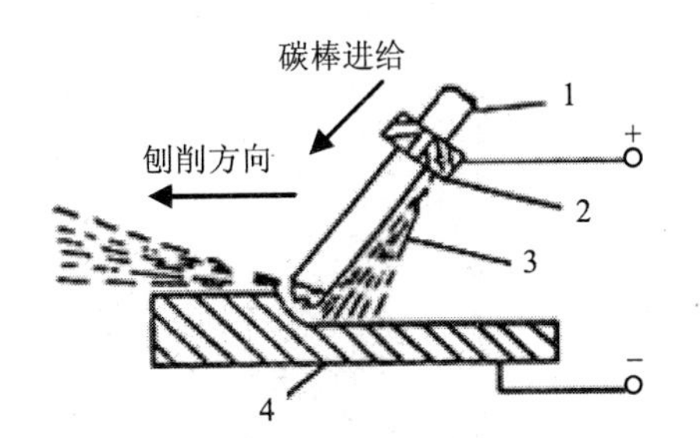

1—电极；2—刨钳；
3—压缩空气流；4—工件

图 4-10　碳弧气刨示意图

（二）碳弧气刨基本原理

碳弧气刨及切割是利用碳极电弧的高温，把金属焊件的局部加热到熔化状态，同时用压缩空气的气流把这些熔化金属吹掉，从而对金属进行“刨削”或切割的一种工艺方法，如图 4-10 所示。碳弧气刨广泛应用于刨挑焊根、开坡口和消除焊接缺陷及切割不锈钢。

第四节　特种焊技术简介

一、等离子弧焊接与切割

（一）等离子弧的形成

1．等离子弧

目前，焊接领域中应用的等离子弧实际上是一种压缩电弧，是由钨极气体保护电弧发展而来的。钨极气体保护电弧常被称为自由电弧，它燃烧于惰性气体保护下的钨极与焊件之间，其周围没有约束，当电弧电流增大时，弧柱直径也伴随增大，二者不能独立地进行调节，因此自由电弧弧柱的电流密度、温度和能量密度的增大均受到一定限制。实验证明，借助水冷铜喷嘴的外部拘束作用，使弧柱的横截面受到限制而不能自由扩大时，就可使电

图 4-11 所示。此时电弧受到下述三种压缩作用：

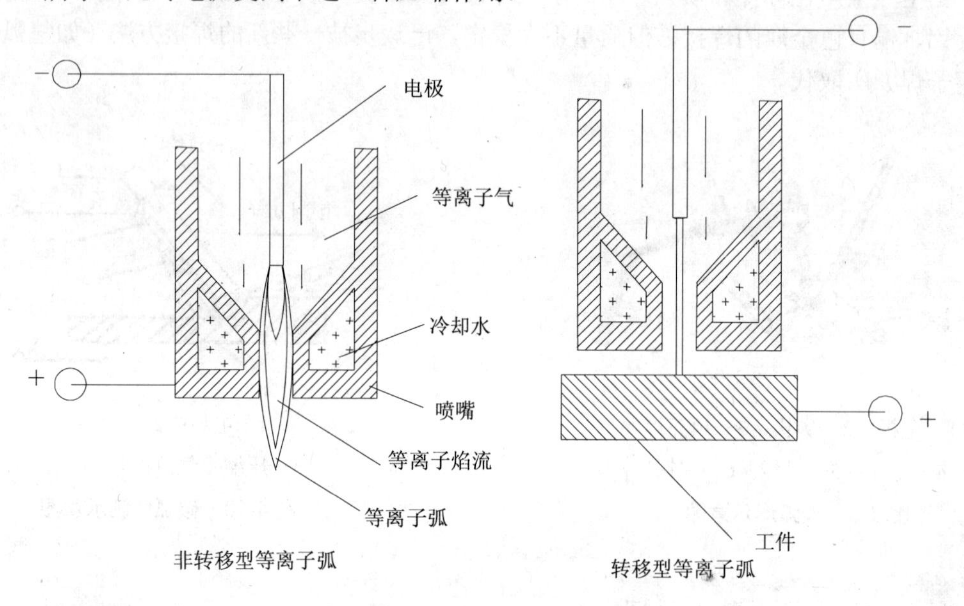

图 4-11　等离子弧示意图

①机械压缩效应。当把一个用水冷却的铜制喷嘴放置在其通道上，强迫这个“自由电弧”从细小的喷嘴孔中通过时，弧柱直径受到小孔直径的机械约束而不能自由扩大，而使电弧截面受到压缩。这种作用称为“机械压缩效应”。

②热收缩效应。水冷铜喷嘴的导热性很好，紧贴喷嘴孔道壁的“边界层”气体温度很低，电离度和导电性均降低。这就迫使带电粒子向温度更高、导电性更好的弧柱中心区集中，相当于外围的冷气流层迫使弧柱进一步收缩。这种作用称为“热收缩效应”。

③电磁收缩效应。这是由通电导体间相互吸引力产生的收缩作用。弧柱中带电的粒子流可被看成是无数条相互平行且通以同向电流的导体。在自身磁场作用下，产生相互吸引力，使导体相互靠近。导体间的距离越小，吸引力越大。这种导体自身磁场引起的收缩作用使弧柱进一步变细，电流密度与能量密度进一步增加。

电弧在三种压缩效应的作用下，直径变小、温度升高、气体的离子化程度提高、能量密度增大。最后与电弧的热扩散作用相平衡，形成稳定的压缩电弧。这就是工业中应用的等离子弧。作为热源，等离子弧获得了广泛的应用，可进行等离子弧焊接、等离子弧切割、等离子弧堆焊、等离子弧喷涂、等离子弧冶金等。

在上述三种压缩作用中，喷嘴孔径的机械压缩作用是前提；热收缩效应则是电弧被压缩的最主要的原因；电磁收缩效应是必然存在的，它对电弧的压缩也起到一定作用。

①等离子弧电流。当电流增大时，弧柱直径也要增大。因电流增大时，电弧温度升高，气体电离程度增大，因而弧柱直径增大。如果喷嘴孔径不变，则弧柱被压缩程度增大。

②喷嘴孔道形状和尺寸。喷嘴孔道形状和尺寸对电弧被压缩的程度具有较大的影响，特别是喷嘴孔径对电弧被压缩程度的影响更为显著。在其他条件不变的情况下，随喷嘴孔径的减小，电弧被压缩程度增大。

③离子气体的种类及流量。离子气（工作气体）的作用主要是压缩电弧强迫通过喷嘴孔道，保护钨极不被氧化等。使用不同成分的气体作离子气时，由于气体的热导率和热焓值不同，对电弧的冷却作用不同，故电弧被压缩的程度不同。

改变和调节这些因素可以改变等离子弧的特性，使其压缩程度适应于切割、焊接、堆焊或喷涂等方法的不同要求。例如为了进行切割，要求等离子弧有很大的吹力和高度集中的能量，应选择较小的压缩喷嘴孔径、较大的等离子气流量、较大的电流和导热性好的气体；为进行焊接，则要求等离子弧的压缩程度适中，应选择较切割时稍大的喷嘴孔径、较小的等离子气流量。

4. 等离子弧的特性

①温度高、能量密度大。普通钨极氩弧的最高温度为 10 000～24 000 K，能量密度在 104W/cm^2 以下。等离子弧的最高温度可达 24 000～50 000K，能量密度可达 105～108W/cm^2，且稳定性好。

②等离子弧的能量分布均衡。等离子弧由于弧柱被压缩，横截面减小，弧柱电场强度明显提高，因此等离子弧的最大压降是在弧柱区，加热金属时利用的主要是弧柱区的热功率，即利用弧柱等离子体的热能。所以说，等离子弧几乎在整个弧长上都具有高温。这一点和钨极氩弧有明显不同。

③等离子弧的挺度好、冲力大。钨极氩弧的形状一般为圆锥形，扩散角在 45° 左右；经过压缩后的等离子弧，其形态近似于圆柱形，电弧扩散角很小，约为 5° 左右，因此挺度和指向性明显提高。等离子弧在三种压缩作用下，横截面缩小，温度升高，喷嘴内部的气体剧烈膨胀，迫使等离子体高速从喷嘴孔中喷出，因此冲力大，挺度性好。电流越大，等离子弧的冲力也越大，挺度性也就越好。

5. 等离子弧的静特性曲线仍接近于 U 形

由于弧柱的横截面受到限制，等离子弧的电场强度增大，电弧电压明显提高，U 形曲线上移且其平直区域明显减小。

6. 等离子弧的稳定性好

等离子弧的电离度较钨极氩弧更高，因此稳定性好。外界气流和磁场对等离子弧的影响较小，不易发生电弧偏吹和飘移现象。焊接电流在 10A 以下时，一般的钨极氩弧很难稳定，常产生电弧飘移，指向性也常受到破坏。而采用微束等离子弧，当电流小至 0.1A 时，等离子弧仍可稳定燃烧，指向性和挺度均好。这些特性在用小电流焊接极薄焊件时特别有利。

②转移型等离子弧

钨极接电源的负极、焊件接电源的正极，等离子弧燃烧于钨极与焊件之间，但这种等离子弧不能直接产生，必须先在钨极和喷嘴之间接通维弧电源，以引燃小电流的非转移型弧（引导弧），然后将非转移型弧通过喷嘴过渡到焊件表面，再引燃钨极与焊件之间的转移型等离子弧（主弧），并自动切断维弧电源。采用转移弧工作时，等离子弧温度高、能量密度大，焊件上获得的热量多，热的有效利用率高。常用于等离子弧切割、等离子弧焊接和等离子弧堆焊等工艺方法中。

③混合型等离子弧

在工作过程中非转移型弧和转移型弧同时存在，则称之为混合型（或联合型）等离子弧，两者可以用两台单独的焊接电源供电，也可以用一台焊接电源中间串接一定电阻后向两个电弧供电。其中的转移弧主要用来加热焊件和填充金属，非转移弧用来协助转移弧的稳定燃烧（小电流时）和对填充金属进行预热（堆焊时）。混合型等离子弧稳定性好，电流很小时也能保持电弧稳定，主要用在微束等离子弧焊接和粉末等离子弧堆焊等工艺方法中。

（二）等离子弧焊的基本方法及应用

1．等离子弧焊的基本方法及应用

等离子弧焊是借助水冷喷嘴对电弧的拘束作用，获得高能量密度的等离子弧进行焊接的方法，国际统称为PAW（Plasma Arc Welding）。按焊缝成形原理，等离子弧焊有下列三种基本方法：穿孔型等离子弧焊、熔透型等离子弧焊、微束等离子弧焊。

（1）穿透型等离子弧焊

穿透型焊接法又称小孔型等离子弧焊。该方法是利用等离子弧直径小、温度高、能量密度大、穿透力强的特点，在适当的工艺参数条件下实现的，焊缝断面呈酒杯状。焊接时，采用转移型等离子弧把焊件完全熔透并在等离子流力作用下形成一个穿透焊件的小孔，并从焊件的背面喷出部分等离子弧（称其为“尾焰”）。熔化金属被排挤在小孔周围，依靠表面张力的承托而不会流失。随着焊枪向前移动，小孔也跟着焊枪移动，熔池中的液态金属在电弧吹力、表面张力作用下沿熔池壁向熔池尾部流动，并逐渐收口、凝固，形成完全熔透的正反面都有波纹的焊缝，这就是所谓的小孔效应。利用这种小孔效应，不用衬垫就可实现单面焊双面成形。焊接时一般不加填充金属，但如果对焊缝余高有要求的话，也可加入填充金属。目前大电流（100～500A）等离子弧焊通常采用这种方法进行焊接。

（2）熔透型等离子弧焊

熔透型等离子弧焊又称熔入型焊接法，它是采用较小的焊接电流（30～100A）和较低的离子气流量，采用混合型等离子弧焊接的方法。在焊接过程中不形成小孔效应，焊件背面无“尾焰”。液态金属熔池在弧柱的下面，靠熔池金属的热传导作用熔透母材，实现焊

（3）微束等离子弧焊

焊接电流在 30A 以下的等离子弧通常称为微束等离子弧焊。有时也把焊接电流稍大的等离子弧归为此类。这种方法使用很小的喷嘴孔径（ϕ0.5～1.5 mm），得到针状细小的等离子弧，主要用于焊接厚度 1 mm 以下的超薄、超小、精密的焊件。

上述三种等离子弧焊方法均可采用脉冲电流，借以提高焊接过程的稳定性，此时称为脉冲等离子弧焊。脉冲等离子弧焊易于控制热输入和熔池，适于全位置焊接，并且其焊接热影响区和焊接变形都更小。尤其是脉冲微束等离子弧焊，特点更突出，因而应用较广。

交流等离子弧焊具有阴极清理作用，主要用来焊接铝、镁及其合金。熔化极等离子弧焊实质上是一种等离子弧焊和 MIG 焊组合在一起的联焊方法。这两种方法特点不突出，目前用得尚不多。

2．等离子弧焊工艺

（1）等离子弧焊的工艺特点

①由于等离子弧的温度高、能量密度大，因此等离子弧焊熔透能力强，可用比钨极氩弧焊高得多的焊接速度施焊。这不仅提高了焊接生产率，而且可减小熔宽、增大熔深，因而可减小热影响区宽度和焊接变形；

②由于等离子弧的形态近似于圆柱形，挺度好，因此当弧长发生波动时熔池表面的加热面积变化不大，对焊缝成形的影响较小，容易得到均匀的焊缝成形；

③由于等离子弧的稳定性好，使用很小的焊接电流也能保证等离子弧的稳定，故可以焊接超薄件；

④由于钨极内缩在喷嘴里面，焊接时钨极与焊件不接触，因此可减少钨极烧损和防止焊缝金属夹钨。

（2）等离子弧焊工艺

①接头形式。用于等离子弧焊接的通用接头形式为 I 形对接接头、开单面 V 形和双面 V 形坡口的对接接头以及开单面 U 形和双面 U 形坡口的对接接头。除此之外，也可用角接接头和 T 形接头。

②焊接参数的选择。等离子弧焊焊接时，焊透母材的方式主要有穿透焊和熔透焊（包括微束等离子弧焊）两种。在采用穿透型等子弧焊时，焊接过程中确保小孔的稳定，是获得优质焊缝的前提。影响小孔稳定性的主要焊接工艺参数有：

一是喷嘴孔径。喷嘴孔径直接决定等离子弧的压缩程度，是选择其他参数的前提。在焊接生产过程中，当焊件厚度增大时，焊接电流也应增大，但一定孔径的喷嘴其许用电流是有限制的。因此，一般应按焊件厚度和所需电流值确定喷嘴孔径。

二是焊接电流。当其他条件不变时，焊接电流增加，等离子弧的热功率也增加，熔透能力增强。因此，应根据焊件的材质和厚度首先确定焊接电流。

三是离子气种类及流量。目前应用最广的离子气是氩气，适用于所有金属。为提高焊接生产效率和改善接头质量，针对不同金属可在氩气中加入其他气体。例如，焊接不锈钢和镍合金时，可在氩气中加入体积分数为 5%～7.5%的氩气；焊接钛及钛合金时，可在氩孔法焊接时，小孔直径将减小；如果焊速太高，则不能形成小孔，故不能实现穿透法焊接。焊接速度的确定，取决于焊接电流和离子气流量。

五是喷嘴高度。喷嘴端面至焊件表面的距离为喷嘴高度。生产实践证明喷嘴高度应保持在3～8mm较为合适。如果喷嘴高度过大，会增加等离子弧的热损失，使熔透能力减小，保护效果变差；但若喷嘴高度太小，则不便操作，喷嘴也易被飞溅物堵塞，还容易产生双弧现象。

六是保护气成分及流量。等离子弧焊时，除向焊枪输入离子气外，还要输入保护气，以充分保护熔池不受大气污染。大电流等离子弧焊时保护气与离子气成分应相同，否则会影响等离子弧的稳定性。小电流等离子弧焊时，离子气与保护气成分可以相同，也可以不同，因为此时气体成分对等离子弧的稳定性影响不大。保护气一般采用氩气，焊接铜、不锈钢、低合金钢时，为防止焊缝缺陷，通常在氩气中加入一定量的氦气、氢气或二氧化碳等气体。保护气流量应与离子气流量有一个适当的比例。如果保护气流量过大，则会造成气流紊乱，影响等离子弧稳定性和保护效果。穿透法焊接时，保护气流量一般选择15～30 L/min。

（三）等离子弧切割原理及特点

1. 等离子弧切割原理

等离子弧切割是利用等离子弧的热能实现切割的方法。国际统称为PAC（Plasma Arc Cutting）。

等离子弧切割的原理与氧气的切割原理有着本质的不同。氧气切割主要是靠氧与部分金属的化合燃烧和氧气流的吹力，使燃烧的金属氧化物熔渣脱离基体而形成切口的。因此氧气切割不能切割熔点高、导热性好、氧化物熔点高和黏滞性大的材料。等离子弧切割过程不是依靠氧化反应，而是靠熔化来切割工件的。等离子弧的温度高（可达50 000K），目前所有金属材料及非金属材料都能被等离子弧熔化，因而它的适用范围比氧气切割要大得多。

等离子弧切割采用转移弧，适用于金属材料切割采用非转移弧，既可用于非金属材料切割，也可用于金属材料切割，但由于工件不接电源。电弧挺度差，故能切割的金属材料厚度较小。

2. 等离子弧切割特点

①切割速度快，生产率高。它是目前常用的切割方法中切割速度最快的。

②切口质量好。等离子弧切割切口窄而平整，产生的热影响区和变形都比较小，特别是切割不锈钢时能很快通过敏化温度区间，故不会降低切口处金属的耐蚀性能；切割淬火倾向较大的钢材时，虽然切口处金属的硬度也会升高，甚至会出现裂纹，但由于淬硬层的深度非常小，通过焊接过程可以消除，所以切割边可直接用于装配焊接。

3．等离子弧切割工艺

切割工艺参数的选择：

等离子弧切割工艺参数较多，主要有离子气种类和流量、喷嘴孔径、空载电压、切割电流和切割电压、切割速度和喷嘴高度等。各种参数对切割过程的稳定性和切割质量均有不同程度的影响，切割时必须依据切割材料种类、工件厚度和具体要求来选择。

①离子气的种类和流量。等离子弧切割时，气体的作用是压缩电弧，防止钨极氧化，吹掉割缝中的熔化金属，保护喷嘴不被烧坏。离子气的种类和流量对上述作用有直接影响，从而影响切割质量。一般切割 100mm 以下的不锈钢、铝等材料时，可以使用纯氮气或适当加些氩气，既经济又能保证切割质量；当使用 $Ar + H_2$（35%）混合气体时，由于 H_2 的热焓大，热导率高，对电弧的压缩作用更强，气体喷出时速度极高。电弧吹力大，有利于切口熔化金属的去除，所以切割效果更佳，一般用于切割厚度大于 100mm 的板材。

②喷嘴。喷嘴孔径的大小应根据切割工件厚度和选用的离子气种类确定。切割厚度较大时，要求喷嘴孔径也要相应增大；使用 $Ar+H_2$ 混合气体时，喷嘴孔径可适当小一些，使用 N_2 时应大一些。

③空载电压。等离子弧切割要求电源有较高的空载电压（一般不低于 150V），因空载电压低将使切割电压的提高受到限制，不利于厚件的切割。

④切割电流和切割电压。切割电流和切割电压是决定切割电弧功率的两个重要参数。选择切割电流 I 应根据选用的喷嘴孔径 d 的大小而定，其相互关系大致为 $I=(30\sim100)\,d$。

⑤切割速度。切割速度应根据等离子弧功率、工件厚度和材质来确定。在切割功率相同的情况下，由于铝的熔点低，切割速度应快些；钢的熔点较高，切割速度应较慢；铜的导热性好，散热快，故切割速度应更慢些。

⑥喷嘴高度。喷嘴端面至工件表面的距离为喷嘴高度。随喷嘴高度的增大，等离子弧的切割电压提高，功率增大。

4．提高切割质量的途径

良好的切割质量应该是切口面光洁、切口窄，切口上部呈直角、无熔化圆角，切口下部无毛刺（熔瘤）。为实现上述质量要求，应注意下面几点：

①切口宽度和平直度。

②切口毛刺的消除。

③避免产生双弧。在等离子弧切割过程中，为保证切割质量，必须防止产生双弧现象。因为一旦产生双弧，一方面使主弧电流减小，即主弧功率减小，导致切割参数不稳，切口质量下降；另一方面喷嘴成为导体而易被烧坏，影响切割过程，同样会降低切口质量，甚至使切割无法进行。所以在进行等离子弧切割时，必须设法防止产生双弧。避免产生双弧的措施与等离子弧焊接类似。

④大厚度工件的切割。为保证大厚度工件的切口质量，应采取下列工艺措施：

适当提高切割功率；

适当增大离子气流量；

广，因而切割成本低，为使等离子弧切割用于普通钢材开辟了广阔的前景；另一方面用空气做离子气时，等离子弧能量大，加之在切割过程中氧与被切割金属发生氧化反应而放热，因而切割速度快，生产率高。近年来，空气等离子弧切割发展较快，应用越来越广泛。不仅能用于普通碳钢与低合金钢的切割，也可用于切割铜、不锈钢、铝及其他材料。空气等离子弧切割特别适合切割厚度在 30mm 以下的碳钢、低合金钢。

2．水再压缩等离子弧切割

该方法是在普通的等离子弧外围再用高速水束进行压缩。切割时，从割枪喷出的除等离子气体外，还伴有高速流动的水束，共同迅速地将熔化金属排开，形成切口。

高速水束有三种作用：①增强喷嘴的冷却，从而增强等离子弧的热收缩效应；②一部分压缩水被蒸发，分解成氢与氧一起参与构成切割气体；③由于氧的存在，特别在切割低碳钢和低合金钢时，引起剧烈的氧化反应，增强了材质的燃烧和熔化。径向喷水式对电弧的压缩作用更强烈。

等离子体是一种特殊的物质状态。等离子弧是经过压缩的高能量密度的等离子体电弧，它具有高温（可达 160 000～330 000℃）、高速（最大可数倍于声速）、高能量密度（480kW/cm^2）的特点。等离子弧焊是利用等离子弧作热源在气体保护下的焊接方法。它具有热影响区小、变形小、焊缝质量高等优点。主要用于热敏感性较强的不锈钢及各种高合金钢、钨、钼、钴等难熔金属及特种金属材料的焊接。等离子弧也可用来切割，它不仅能切割常用金属材料如：碳钢、不锈钢、有色金属，还能切割一些非金属材料如陶瓷等。

（五）等离子弧焊机的安全操作

①检查电源、气源、水源，应无漏水、漏电、漏气，接地装置是否安全可靠。

②操作人员必须戴好防护面罩、电焊手套、帽子、滤膜防尘口罩和隔声耳罩。

③操作人员应站在上风处操作，抽风位置应合理。

④不戴防护镜的人员不得直接观察等离子弧，裸露皮肤不得靠近等离子弧。

⑤高频发生器应有屏蔽护罩，高频引弧后，应立即切断高频电路。

⑥使用钍钨电极应有专门的储存地点。电极磨尖时，应戴口罩，废渣应经常进行湿式打扫，并妥善处理。

⑦作业后切断电路、水路和气路。

二、电子束焊接简介

（一）电子束焊接机理

电子束焊接是一种利用电子束作为热源的焊接工艺。电子束发生器中的阴极加热到一定的温度时逸出电子，电子在高压电场中被加速，通过电磁透镜聚焦后，形成能量密集度观察系统观察。

电子束焊接技术因其高能量密度和优良的焊缝质量，率先在国内航空工业得到应用。先进发动机和飞机工业中已广泛应用了电子束焊接技术，取得了很大的经济效益和社会效益，该项技术从20世纪80年代开始逐步应用于民用工业。汽车工业、机械工业等已广泛应用该技术。

（二）电子束焊接发展情况

我国自行研制电子束焊机始于20世纪60年代，至今已研制生产出不同类型和功能的电子束焊机上百台，并形成了一支研制生产的技术队伍，能为国内市场提供小功率的电子束焊机。

近年来，出现了关键部件（电子枪，高压电源等）引进、其他部件国内配套的引进方式，这种方式的优点是：设备既保持了较高的技术水平，又能大大降低成本，同时还能对用户提供较完善的售后服务。北京航空工艺研究所以此方式为某航空厂实施设备的总体设计和总成，实现了某重要构件的真空电子束焊接；桂林电器科学研究所也通过这种方式开发了HDG（Z）-6型双金属带材高压电子束连续自动焊接生产线，该机加速电压120kV、束流0～50mA、电子束功率6kW，带材运行速度0～15m/min，从而使我国跻身于世界上能生产这种生产线的几个国家之一。北京中科电气高技术公司近期为上海通用汽车公司研制成功自动变速车液力扭变器涡轮组件电子束焊机，70s内可完成两条端面圆焊缝的焊接，并已投入商业化生产。

目前，以科学院电工所的EBW系列为代表的汽车齿轮专用电子束焊机占据了国内汽车齿轮电子束焊接的主要市场份额；我国的中小功率电子束焊机已接近或赶上国外同类产品的先进水平，而价格仅为国外同类产品的1/4左右，有明显的性能价格比优势。

在机理及工艺研究上，北京航空工艺研究所、北京航空航天大学、天津大学、上海交通大学、西北工业大学、中国科学电工所、桂林电器科学研究所、西安航空发动机公司、航天材料及工艺研究所、哈尔滨焊接研究所开展的工作涉及熔池小孔动力学、电子束钎焊、接头疲劳裂纹扩展行为、接头残余应力、填丝焊接、局部真空焊接时的焊缝轨迹示教等。

电子束焊接技术的优点是：焊缝质量好、穿透深度深；热源稳定性、易控制适用于大批量生产，可作为最后加工工序或仅留精加工余量。目前电子束焊接铝合金厚度可达450mm，焊缝深宽比可达70∶1。

（三）真空电子束焊接简介

真空电子束焊接具有以下特点：

①电子束能量密度高、一般可达10^6～10^9W/cm^2，是普通电弧焊和氩弧焊的100～10万倍。因此可实现焊缝深而窄的焊接，深宽比大于10∶1。

②电子束焊接，其焊缝化学成分纯净，焊接接头强度高、质量好。

⑥电子束焊接的工艺参数，如加速电压、束流、聚焦电流、偏压、焊速等可以精确调整，因此易于实现焊接过程自动化和程序控制，焊接重复性好。

⑦电子束焊接能焊接复杂几何形状工件。

⑧与普通焊接相比，其焊接速率更高（尤其对于大厚件的焊接工件）。

（四）电子束焊机的安全操作

①保证高压电源和电子枪有足够的绝缘。

②设备外壳接地良好，采用专用接地线。

③更换电极时应切断高压电源。

④加速电压大于 60 kV 的焊机，外壳加铅板防护 X 射线。

⑤观察窗应选用铅玻璃。

三、激光焊接与切割简介

（一）激光加工应用情况简介

激光加工具有热影响很低、材料变形很小、加工速度快、无需接触和无需后处理等诸多优点，但是目前中国制造企业，尤其是大量的零部件生产厂家对激光焊接、激光切割以及激光打孔等的应用并不多。

在实际产业应用中，很多欧美企业早在十几年前就积极投入大量的研发力量，联合激光制造企业开发出很多激光加工的工艺和生产线，并在大规模生产中广泛地提高了生产效率和产品质量。目前中国企业，尤其是大量的零部件生产厂家，除了简单的激光打标外，其他方面的应用如激光焊接、激光切割以及激光打孔等的应用并不多。

（二）激光加工的特有优势

①热影响很低。相对于传统的焊接和切割方式而言，激光加工无需产生高温，从而最大限度地减少了对母材及涂层的材料破坏；

②材料变形很小。大量的材料变形都能控制在百分之几毫米的范围内；

③高速加工。对于较薄的不锈钢材料，焊接速度可达到 10～20 m/min，针对不同的材料及厚度会有相应的变化；

④加工处理后的材料表面会很干净、光洁。大部分的钢材、铝材及合金等材料在激光加工后，表面都不会出现明显的变形或破坏，最大限度地保持了原有材料的外观和特性；

⑤单边加工，无需接触。因为激光的工作原理为非接触式的光束聚焦，所以只需要单边在一定距离之外作用在材料上即可；

⑥无需后处理。

的工序，大量节省成本和材料，所以在很多焊接构件的焊接处理上，如汽车制造业的挡板、面板、车门内层、座椅和摇杆等，都越来越多地出现了用激光来代替传统的焊接方式。在这些焊接中，所涉及的材料目前多为钢材（无镀层低碳钢或10～20mm镀锌钢）和铝合金（如5000系列铝镁合金、6000系列铝镁硅合金或7000系列铝锌合金）。

（四）激光切割

激光切割是除了焊接外激光的另一大类应用，其主要的特点有：

①非常细的切口宽度，笔直的切边和漂亮的外观；

②在切边附近最小的热影响区域从而实现最小的工件变形；

③在加速或减速时由于有对平均输出功率的良好控制，所以消除了多余的材料熔烧；

④没有机械变形；

⑤相对于传统的切割方式而言，没有切割刀具的磨损。

目前在汽车加工领域，工程塑料、液压成型管等都有很广泛的激光切割使用。

四、热喷涂技术简介

热喷涂技术在国家标准《热喷涂 术语、分类》（GB/T 18719—2002）中定义：热喷涂技术是利用热源将喷涂材料加热至熔化或半熔化状态，并以一定的速度喷射沉积到经过预处理的基体表面形成涂层的方法。热喷涂技术在普通材料的表面上，制造一个特殊的工作表面，使其达到：防腐、耐磨、减摩、抗高温、抗氧化、隔热、绝缘、导电、防微波辐射等一系列多种功能，使其达到节约材料，节约能源的目的，我们把特殊的工作表面叫涂层，把制造涂层的工作方法叫热喷涂。热喷涂技术是表面过程技术的重要组成部分之一，约占表面工程技术的1/3。

热喷涂技术具有如下优点：

①设备轻便，可现场施工。

②工艺灵活、操作程序少。可快捷修复，减少加工时间。

③适应性强，一般不受工件尺寸大小及场地所限。

④涂层厚度可以控制。

⑤除喷焊外，对基材加热温度较低，工件变形小，金相组织及性能变化也较小。

⑥适用各种基体材料的零部件，几乎可在所有的固体材料表面上制备各种防护性涂层和功能性涂层。

（一）热喷涂技术近年发展趋势与特点

热喷涂技术目前在国内已经得到了比较广泛的推广应用，近年来发展的趋势和特点是：

①大面积长效防护技术得到了广泛应用。对于长期暴露在户外大气的钢铁结构件，采用喷涂铝、锌及其合金涂层，代替传统的刷油漆方法，实行阴极保护进行长效大气防腐，近年来得到了迅速发展。如电视铁塔、桥梁、公路设施、水闸门、微波塔、高压输电铁塔、

挤压成型嘴、大功率汽车曲轴等。这些工作的进行，一是解决了生产急需；二是节约了大量外汇。

③超音速火焰喷涂技术的应用。随着我国热喷涂技术的发展与提高，对喷涂层质量要求也愈来愈高。近年来美国等国家发展起来的高速燃气（HVOF）法是制备高质量涂层的一种新的工艺方法。由于超音速火焰喷涂方法具有很多优点，目前国内已先后从国外引进近十几台设备，在各工业部门发挥着重要作用。

④气体爆燃式喷涂技术进一步得到应用。该项喷涂技术由于粒子飞行速度可达 800m/s 以上，涂层与基体结合强度可达 100MPa 以上，孔隙率＜1%，在某些领域里应用，优于其他喷涂方法。目前国内已安装 10 台以上。

⑤氧乙炔火焰塑料粉末喷涂技术发展迅速。如前所述，国内近年来已有多家生产制造氧乙炔火焰塑料粉末喷涂设备，采用该项工艺技术，已在化工贮罐、管道、陶瓷行业泸泥机板框、印染行业的导布辊、煤炭行业带式运输机铸铁托轮、石油行业注聚设备，以及表面装潢等方面都得到了很好的应用，弥补了电喷塑的不足。为塑料涂层的应用，开辟了一个新的途径。

⑥热喷涂技术在化工防腐工程中得到应用。腐蚀是机械部件受周围介质的化学或电化学作用而失效的主要原因之一。它不仅使大量金属材料受损失，从而造成的停产损失更难以估计，所以人们对化工防腐工作特别重视。热喷涂层应用于腐蚀介质中，特别是强介质腐蚀，以前所以未能突破，其主要原因是封孔剂未能解决。众所周知，喷涂层是存在着孔隙的，若不进行封孔处理，各种酸、碱、有机介质就会浸入孔隙，使涂层脱落，影响防腐效果。根据防腐工程的要求，近期我国已研制成功了聚酯型、有机聚合物型、树脂型、塑料型、胶黏剂型等几十种型号的封孔剂，适用于酸、碱、盐及有机物的腐蚀环境，其使用温度 80～350℃。采用陶瓷涂层、氧化物涂层或金属或合金涂层，根据不同介质，选用适当的封孔剂，已在许多化工腐蚀介质中应用，效果良好。该系列封孔剂已获专利并获国家发明奖。这些封孔剂的研究成功，使热喷涂技术在化工防腐工程中的应用有了新进展。

⑦激光重熔技术开始应用。近几年来，高频感应重熔、真空感应重熔只是在一定范围内得到应用。激光重熔技术前几年曾做过小面积试验，并未广泛应用。近期清华大学已将激光重熔技术用于阀门生产中，上海第二纺织机械厂已将激光重熔技术应用在纺织机械中。

⑧热喷涂技术在建筑装潢医疗卫生方面也得到了应用。近年来四川、上海、沈阳、云南等地采用热喷涂技术喷涂了各种雕像、饰物、大型壁面等收到了良好效果，如沈阳市国际商场的孔雀开屏大型壁画就采用了热喷涂技术。随着热喷涂技术的发展与提高，该项技术已渗透到其他领域中，如生物领域用热喷涂方法，制造人工骨骼，目前国内已临床 200 多例，效果很好。此外，用热喷涂方法制造的人工牙齿，也得到了初步应用。

作为新型的实用工程技术目前尚无标准的分类方法，一般按照热源的种类，喷涂材料的形态及涂层的功能来分。如按涂层的功能分为耐腐、耐磨、隔热等涂层，按加热和结合方式可分为喷涂和喷熔：前者是机体不熔化，涂层与基体形成机械结合；后者则是涂层再加热重熔，涂层与基体互溶并扩散形成冶金结合。

平常接触较多的一种分类方法是按照加热喷涂材料的热源种类来分的，按此可分为：①火焰类，包括火焰喷涂、爆炸喷涂、超音速喷涂；②电弧类，包括电弧喷涂和等离子喷涂；③电热法，包括电爆喷涂、感应加热喷涂和电容放电喷涂；④激光类：激光喷涂。

2．火焰类喷涂

（1）火焰喷涂

火焰喷涂包括线材火焰喷涂和粉末火焰喷涂。

线材火焰喷涂法：是最早发明的喷涂法。它是把金属线以一定的速度送进喷枪里，使端部在高温火焰中熔化，随即用压缩空气把其雾化并吹走，沉积在预处理过的工件表面上。

粉末火焰喷涂法：它与线材火焰喷涂的不同之处是喷涂材料不是线材而是粉末。

（2）爆炸喷涂

爆炸喷涂：利用氧气和乙炔气点火燃烧，造成气体膨胀而产生爆炸，释放出热能和冲击波，热能使喷涂粉末熔化，冲击波则使熔融粉末以700～800m/s的速度喷射到工件表面上形成涂层。

（3）超音速喷涂

为了与美国碳化物公司的爆炸喷涂抗争，20世纪60年代初期，美国人J.Browning发明了超音速火焰喷涂技术，称之为“Jet-Kote”，并于1983年获得美国专利。近些年来，国外超音速火焰喷涂技术发展迅速，许多新型装置出现，在不少领域正在取代传统的等离子喷涂。在国内，武汉材料保护研究所，北京钢铁研究总院，北京钛得新工艺材料有限公司等也在进行这方面研究，并生产出有自己特色的超音速喷涂装置。

燃料气体（氢气，丙烷，丙烯或乙炔-甲烷-丙烷混合气体等）与助燃剂（O_2）以一定的比例导入燃烧室内混合，爆炸式燃烧，因燃烧产生的高温气体以高速通过膨胀管获得超音速。同时通入送粉气（Ar或N_2），定量沿燃烧头内碳化钨中心套管送入高温燃气中，一同射出喷涂于工件上形成涂层。

3．电弧类喷涂

（1）电弧喷涂

在两根焊丝状的金属材料之间产生电弧，因电弧产生的热使金属焊丝逐渐熔化，熔化部分被压缩空气气流喷向基体表面而形成涂层。电弧喷涂按电弧电源可分为直流电弧喷涂和交流电弧喷涂。

（2）等离子喷涂

包括大气等离子喷涂，保护气氛等离子喷涂，真空等离子喷涂和水稳等离子喷涂。等离子喷涂技术是继火焰喷涂之后大力发展起来的一种新型多用途的精密喷涂方法，它具有：a. 超高温特性，便于进行高熔点材料的喷涂。b. 喷射粒子的速度高，涂层致高，其中心温度可达 30 000 K，喷嘴出口的温度可达 15 000～20 000 K。焰流速度在喷嘴出口处可达 1 000～2 000 m/s，但迅速衰减。粉末由送粉气送入火焰中被熔化，并由焰流加速得到高于 150 m/s 的速度，喷射到基体材料上形成膜。

近几年来，在等离子喷涂的基础上又发展了几种新的等离子喷涂技术，如：

（3）真空等离子喷涂（又叫低压等离子喷涂）

真空等离子喷涂是在环境可控的，4～40 kPa 的密封室内进行喷涂的技术。因为工作气体等离子化后，是在低压环境中边膨胀体积边喷出的，所以喷流速度是超音速的，而且非常适合于对氧化高度敏感的材料。

（4）水稳等离子喷涂

前面说的等离子喷涂的工作介质都是气体，而这种方法的工作介质不是气体而是水，它是一种高功率或高速等离子喷涂的方法，其工作原理是：喷枪内通入高压水流，并在枪筒内壁形成涡流，这时，在枪体后部的阴极和枪体前部的旋转阳极间产生直流电弧，使枪筒内壁表面的一部分蒸发、分解，变成等离子态，产生连续的等离子弧。由于旋转涡流水的聚束作用，其能量密度提高，燃烧稳定，因此，可喷涂高熔点材料，特别是氧化物陶瓷，喷涂效率非常高。

4．电热法

（1）电爆喷涂

在线材两端通以瞬间大电流，使线材熔化并发生爆炸。此法专用来喷涂气缸等内表面。

（2）感应加热喷涂

采用高频涡流把线材加热，然后用高压气体雾化并加速的喷涂方法。

（3）电容放电加热

利用电容放电把线材加热，然后用高压气体雾化并加速的喷涂方法。

5．激光法

把高密度能量的激光束朝着接近于零件的基体表面的方向直射，基体同时被一个辅助的激光加热器加热，这时，细微的粉末以倾斜的角度被吹送到激光束中。熔化粘结到基体表面，形成了一层薄的表面涂层，与基体之间形成良好的结合（喷涂环境可选择大气气氛或惰性气体气氛，或真空下进行）。

（三）热喷涂安全操作

热喷涂包括准备和喷涂工艺相关的潜在的危险因素和在这些操作中采用的安全措施。要求涉及热喷涂的所有人员，应熟悉国家和有关部门这些安全措施和标准中包含的安全条例。

1．压缩空气

压缩空气应标明名称以避免与氧气或燃气混淆，不能用压缩空气来清扫衣物。同样也

3．呼吸保护

喷涂操作要求操作者使用呼吸保护装置。根据粉尘气体的性质、类型和大小决定使用什么样的呼吸保护装置，在有限或密封的空间喷涂，需要使用连续气流通道式呼吸器。它由一个标准的连续气流通道呼吸器，护面罩或头盔和防尘罩组成。加强对头和脖子的保护，在护面具端部，呼吸器的最大进气量是 6.6 m^3/h，进入头盔或防尘罩中的空气 10 m^3/h。鼓送新鲜空气比压缩空气作为呼吸源要好。

4．保护服

任何喷涂或吹砂需要的适当保护服，随工作种类、性质和环境而变化。

当在限定区域工作时，需穿戴耐火衣和皮革或橡胶防护手套。衣服在腕处和脚裸处要扎紧以保证飞溅的物质和粉尘不溅到皮肤上。

在敞开的环境下工作，可以使用普通的全套工作服，但不能敞开领口，系好衣袋钮扣。要穿上高帮鞋，裤边也要遮到脚面。

在限定空间或半敞开空间喷涂铅或其他剧毒材料时，每天和每次饭前都要更换所有衣服和呼吸保护装置，用过的衣服和呼吸保护装置在重新使用前应彻底清洗，清除所有铅尘或其他毒性材料。

5．眼部保护

电弧喷涂采用的防辐射保护和电弧焊的保护一样。眼睛可以用一个 3 号或 6 号遮光镜保护，如果身体某部分直接暴露在电弧辐射中时或如果在喷涂一些特殊放射材料或反射底层时，应使用头盔。

6．设备维护

要定期检查软管和气路，对发现问题的设备应立即修复或更换。

火焰喷枪应按制造商的建议维护保养。每个热喷涂操作者应了解熟悉火焰喷枪的操作。在第一次点火之前，应认真阅读和理解枪的操作说明书。

控制氧气燃气或压缩空气流量的阀，应正确装好并加上润滑剂，这样可以保护枪体操作自如并能完全关闭。

如果枪有回火，应尽可能快地扑熄。如果在喷涂中点火时有爆燃或回火，应在检查产生原因并解决好后，才能重新点火。

火焰喷枪或它的软管不能悬挂在调节器或气瓶阀上，那样可能引起起火或爆炸。

当喷涂完后，或设备停机无人看管时，应放出调节器和软管中的所有气体，按下列顺序操作：①关闭枪阀。②关闭气阀。③打开枪阀。④转动调节螺杆到自由状态。⑤关闭枪阀。⑥关闭罐阀或调节器前的支管阀。

在清洗火焰喷枪时，不允许油进入气体混合室，对与氧气或燃气接触的火焰喷枪零件或阀不能使用普通的油或脂润滑。只能使用设备制造商推荐的特种抗氧化润滑剂。

7．操作者请时刻牢记下面的警示

①高速、高温的喷涂射流对人和设备都有伤害。

②喷涂粉尘有害健康，注意防尘、通风。

一、电焊作业的安全用电

（一）电焊用电特点

用于焊接的电源需要满足一定的技术要求。不同的焊接方法，对电源的电压、电流等性能参数的要求有所不同。我国目前生产的手弧焊机的空载电压。一般弧焊变压器为60～80V、直流弧焊发电机为55～90V。过高的空载电压虽然有利于引弧，但对焊工操作的安全不利，所以手弧焊机的空载电压限制在90V以下，工作电压为15～40V。自动电弧焊机空载电压为70～90V；电渣焊电源空载电压较低，一般为40～60V；等离子弧切割电源的空载电压一般在300～400V左右。接触焊所需电源的特点是在短时间内的低电压、大电流。电流通常为500A～0.2MA，电压为2～20V。电子束焊接时，为产生高速高能电子束，其焊机的工作电压高达80～150kV，故需采取特殊防护措施。

国产焊机电源输入电压为220V/380V，频率为50Hz的工频交流电。

（二）电焊作业场所分类

电焊作业需要在不同的工作环境操作。按照触电危险性，考虑到工作环境如潮气、粉尘、腐蚀性气体或蒸气、高温等条件的不同，可分为以下三类。

1．普通环境

这类环境（触电危险性小）一般应具备下列条件：

①干燥（相对温度不超过75%）；

②无导电粉尘；

③有木材、沥青或瓷砖等非导电材料铺设的地面；

④金属占有系数，即金属物品所占面积与建筑物面积之比小于20%。

2．危险环境

凡具有下列条件之一者，均属危险环境：

①潮湿（相对湿度超过75%）；

②有导电粉尘；

③有泥、砖、湿木板、钢筋混凝土、金属或其他导电材料制成的地面；

④金属占有系数大于20%；

⑤炎热、高温（平均温度经常超过30℃）；

⑥人体一面接触接地导体同时又接触电器设备的金属外壳。

3．特别危险环境

凡具有下列条件之一者，均属特别危险环境：

化工厂的大多数车间、锅炉房、机械厂的铸工、电镀和酸洗车间等，以及在容器、管道里和金属构架上的焊接操作，均属于特别危险环境。

（三）发生焊接触电事故的原因

焊接的触电事故可能发生于多种不同情况，但不外乎以下两类：一类是直接触及电焊设备正常运行的带电体或靠近高压电网和电气设备所发生的电击，即所谓直接电击；另一类是触及意外带电体发生电击，即所谓间接电击。意外带电体是指正常不带电而由于绝缘损坏或电气设备发生故障意外带电的导体，如焊机外壳漏电、电缆破损等。直接电击也称正常情况下的电击；间接电击也叫做故障情况下的电击。

1．发生直接电击事故的原因

①在更换焊条和操作中，手和身体某部接触到电焊条、焊钳和焊枪的带电部分，而脚或身体其他部分对地面和金属结构之间又无绝缘。特别是在金属容器、管道、锅炉里或金属结构物上、身上大量出汗或在阴雨潮湿的地方焊接时、容易发生这类事故。

②在接线或调节电焊设备时，手或身体某部碰到接线柱、极板等带电体而触电。

③在登高焊接时触及靠近高压网路引起的触电事故等。

2．发生间接电击事故的原因

①电焊设备的罩壳漏电而罩壳又缺乏良好的接地或接零保护，人体碰触罩壳而触电。下列情况可能造成电焊机罩壳漏电：由于线圈潮湿致绝缘损坏；由于长期超负荷运行或短路发热致绝缘降低、烧损；电焊机的安装地点和方法不符合安全要求，遭受震动、碰击，而使线圈或引线的绝缘造成机械损伤，并且破损的导线铁芯和罩壳相联。

②维护检修不善或工作现场管理混乱，致使小金属物如铁丝、铁屑、铜线或小铁管头之类导电体，一端碰到电线头，另一端碰到铁芯或罩壳而漏电。

③电焊变压器的一次绕组对二次绕组之间的绝缘损坏时，变压器反接或错接高压电源时，手或身体某部触及二次回路的裸导体；而同时二次回路缺乏接地或接零保护。

④操作过程中触及绝缘破损的电缆、胶木闸盒破损的开关等。

⑤由于利用厂房的金属结构、管道、轨道、天车吊钩或其他金属物体搭接作为焊接回路而发生的触电事故。

（四）电焊作业安全用电的一般措施

为防止电焊工在操作过程中发生触电事故，一般应采取绝缘、屏护、隔离、自动断电和个人防护等安全措施。

1．绝缘

采用绝缘材料，将人体与带电体隔开。绝缘材料如胶皮、瓷管、电木板、云母等。绝缘材料的绝缘性能与材料的性质、厚度、状况有关。不同等级的电压要选用不同等级的绝缘材料，否则有被击穿的可能。另外，绝缘材料也会有老化、腐蚀、潮湿、机械损伤，使绝缘性能降低，所以要保护绝缘层和经常检查绝缘状况。

设备的带电体。

4．自动断电及个人防护

为预防焊工在接触焊条和焊件时触电，尽可能在焊机上安装空载自动断电装置。使焊机空载电压降到安全电压范围之内。焊工工作时应采取必要的个人防护措施。如穿工作服、绝缘鞋，戴绝缘手套和安全帽等。

二、焊钳的安全使用

①结构轻便，易于操作。手弧钳重量不应超过 0.6kg。

②焊钳应保证在任何角度下都能夹紧焊条，更换焊条方便，并能使焊工不接触导电体部分即可迅速更换焊条。

③有良好绝缘物隔热能力。由于电阻发热，特别是在使用较大电流的手工电弧焊时，焊把往往发热烫手，因此手柄要有良好的隔热层。

④焊钳与电缆联接必须简便、牢靠、接触良好，不得外露铜导线，以防发生高热或触电。

⑤等离子弧焊枪应保证水冷系统密封、不漏气、不漏水。

⑥禁止将过热的焊钳浸在水中冷却后立即继续使用。应自然冷却或强通风冷却后再继续使用。

三、焊接电缆的安全要求

①应具有良好的导电能力和绝缘外皮，其胶皮绝缘层的绝缘电阻不得小于 1MΩ。

②要轻便柔软，难任意弯曲和扭动，便于操作。在用硬导线时，焊把处要用不小于 2～3 m 电焊软线连接，以保持操作方便。

③焊机与焊钳连接线的长度，应根据工作时的具体情况来决定，太长会增大电压降，太短则操作不方便，一般以 20～30 m 为宜。

④导线要有适当的截面积。应根据焊接电流的大小、所需导线的长度，按规定选用较大的截面积，以保证导线不至于过热损坏绝缘层。焊接电缆的过度超载，是绝缘损坏的重要原因之一。焊接电缆的长度与截面积，如表 4-4 所示。

表 4-4　焊接电流与导线截面积和长度的关系

最大焊接电流/A	导线截面积/mm²		
	长度为 15 m 时	长度为 30 m 时	长度为 45 m 时
200	30	50	50
300	50	60	80
400	50	80	100
600	60	100	—

导体。

⑦应具有较好的抗机械损伤能力，有耐油、耐腐蚀等性能。

⑧电缆应注意避免碾压、磨损和高温损坏绝缘层。

⑨不准将电缆缠绕在金属导电体上。

⑩定期检查电缆的绝缘性能，一般半年检查一次。

四、焊接电源的安全要求

为了确保焊接操作者的安全，焊接电源必须符合下列要求：

（一）适当的空载电压

焊接电源的空载电压在满足焊接工艺要求的同时应考虑到对焊工操作安全有利。空载电压过高虽对引弧有利，但对人身安全危害性大；空载电压过低虽对安全有利，但会造成焊接操作者引弧困难和电弧燃烧不稳定。因此，焊接电源的空载电压必须既保证安全又能确保焊接工艺的要求、具有一个适当的空载电压。例如弧焊变压器的空载电压一般规定为60～80V；直流弧焊发电机的空载电压规定为55～90V。

（二）独立而安全可靠的控制装置

焊接电源必须具有独立而容量足够的控制装置，如熔断器或自动断电装置。控制装置应能可靠地切断设备最大的额定电流，以保证安全；控制装置的护盖和瓷插保险不得损坏，带电体不准裸露，熔丝规格须符合要求等。

（三）绝缘电阻必须符合安全要求

焊机的线圈和线路带电部分对外壳和对地之间，弧焊变压器的一次线圈与二次线圈之间，相与相及线与线之间，都必须符合绝缘标准的要求，其电阻值均不得小于1MΩ。

（四）焊机的结构必须安全可靠

焊机的结构必须牢固和便于维修，各接触点和连接件应牢固，不得松动或脱落等。

（五）其他要求

焊机的所有外露带电部分必须有完好的隔离防护装置：焊机的接线柱、极板和接线端应有防护罩；使用插销孔接头焊机的，插销孔的接线端应用绝缘隔离，并装在绝缘板平面内。

五、焊机的保护性接地和接零

焊接操作中人体可能碰触漏电的焊接设备的金属外壳。为了保证安全，不发生触电事故，所有旋转式直流焊机，交流电焊机、硅整流式直流焊机以及其他焊接设备的外壳，都窜到焊机外壳上，人体如果接触到漏电的焊机外壳就会发生生命危险。

（二）焊机的保护性接零

电焊机的保护性接零原理见图 4-12。首先分析在三相四线制中接地供电系统上的电焊设备不采用保护接零的危险性，当一相碰壳时，通过人体的电流 I 与另一相电压 U、电网工作接地电阻 R_0（≤4Ω）及人体电阻 R_r（按 1000Ω考虑）的关系为：

$$I=U/R \approx 220/1\,000 = 220 \text{ (mA)}$$

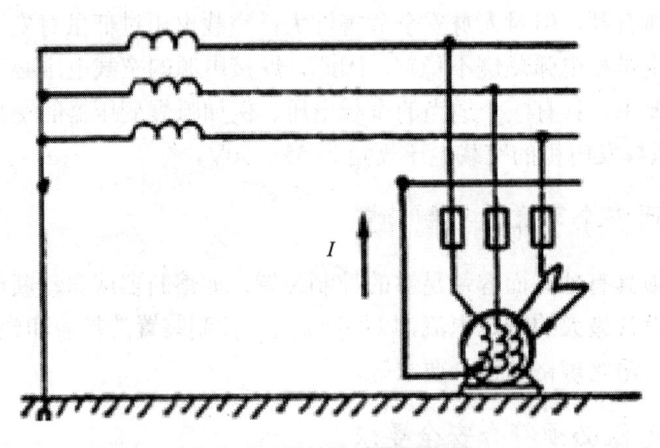

图 4-12 保护性接零原理图

显然，人体电流超过安全电流范围，即有触电伤亡危险。而且该电流又不足以切断焊机熔断器，因此，事故长期存在。

保护接零的原理是用接零导线的一端连接焊机金属外壳，另一端接到零线的干线上。一旦焊机因绝缘损坏而使外壳带电时，绝缘损坏的这一相就与零线短路，产生强大的电流使该相保险丝熔断，切断电源，外壳带电现象终止，从而达到人身设备安全的目的。这种把电焊设备正常时不带电的机壳同电网的零线连接起来的装置，称为保护性接零装置。

（三）焊机的保护性接地和接零装置的安全要求

焊机的接地电阻应根据允许的接地电压来确定。在 1000V 以下的不接地系统中，单相接地电流一般不会超过数安（在接地绝缘的 380V 低电压电网中，单相接地电流一般不超过 1A）。如果允许对电压按 36V 考核，接地电流按 9A 考虑，则接地电阻：

焊机的接地装置可用打入地里深度不小于 1m，接地电阻小于 4 Ω的铜棒或无缝钢管作接地极。由于电焊工作的流动性大，焊机的接地装置可以广泛利用自然接地极，例如敷设在地下的属于本单位独立系统的自来水管，或与大地有可靠连接的建筑物的金属结构等。必须指出，氧气和乙炔管道以及其他可燃易爆物品的容器和管道严禁作为自然接地极。自然接地极电阻超过 4 Ω时，应采用人工接地极。否则，除可能发生触电危险外，还可能引起火灾事故。

弧焊变压器的二次线圈与焊件相接的一端也必须接地（或接零）。当一次线圈与二次线圈的绝缘击穿，高压窜到二次回路时，这种接地（或接零）装置就能保证焊工及其助手的安全。但必须指出的是，二次线圈一端接地或接零时，则焊件不应接地或接零。否则，一旦二次回路接触不良，大的焊接工作电流可能将接地线或接零线熔断，不但使人身安全受到威胁，而且易引起火灾。为此规定：凡是在有接地或接零装置的焊件上（如机床的部件）进行焊接时，应将焊件的接地线（或接零线）暂时拆除，待焊完后再恢复。在焊接与大地紧密相连的焊件（如自来水管道、房屋的金属立柱等）时，如果焊件的接地电阻小于 4Ω，则应将焊机二次线圈一端的接地线（或接零线）暂时拆除，焊后再恢复。总之，变压器二次端与焊件不应同时存在接地或接零装置。焊机与焊件的正确和错误的保护性接地和接零关系见图 4-13 所示：

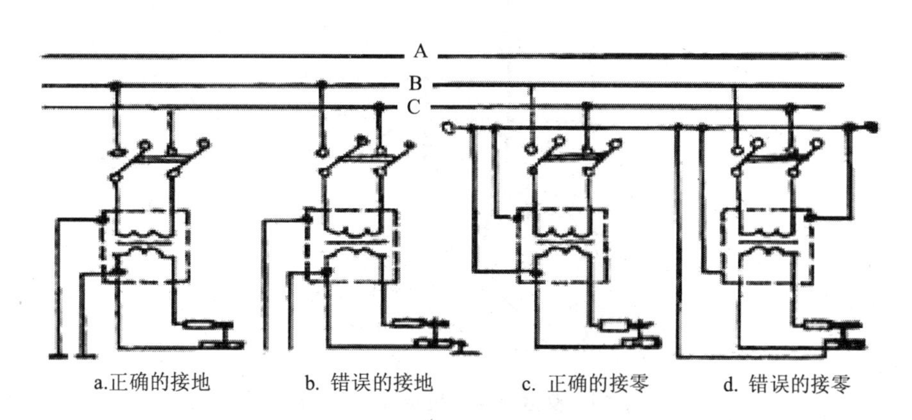

图 4-13　电焊机与焊件的保护接地（和接零）的关系

用于焊机接地或接零的导线，应符合下列安全要求。

①要有足够的截面积。接地线截面积一般为相线截面积的 1/3～1/2；接零线截面积的大小，应保证其容量（短路电流）大于离电焊机最近处熔断器额定电流的 2.5 倍，或者大于相应的自动开关跳闸电流的 1.2 倍。采用铜线或钢（铁）丝的最小截面，分别不得小于 4 mm^2和 2 mm^2。

②接地或接零线必须使用整根的，中间不得有接头。与焊机及接地体的连接必须牢靠，应用螺栓拧紧。在有震动的地方，应当用弹簧垫圈，防松螺帽等防松动部件。固定安装的电焊机，上述连接应采用焊接。

六、焊机空载自动断电保护装置

电弧焊接时，焊工更换焊条需要在焊机处于空载电压条件下进行。这是一件经常性的操作，为避免焊工在更换焊条时，接触二次回路的带电体造成触电事故，可以安装电焊机空载自动断电保护装置，使更换焊条的工作在很低的电压上进行，避免触电危险，同时还可节省电力消耗，自动断电装置路线的种类很多，但原理大同小异，下面介绍两种线路。

（一）交流弧电焊机空载自停装置

图 4-14 为弧焊机的一种利用时间断电器的空载自停装置的基本接线。当电弧熄灭时，在焊钳电压作用下，时间继电器 SJ 动作，其串联在交流触器 JC 控制线路中的常闭触头延时打开，使交流接触器动作。图中电容器交流接触器掉闸后起分压作用，使重新焊接前时间继电器以保持在吸合状态。

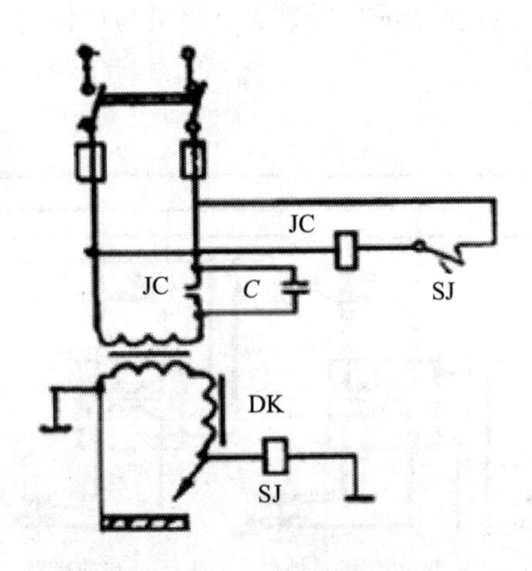

图 4-14　交流弧电焊机空载自停联锁接线

（二）晶体管式空载自动断电装置

图 4-15 所示为晶体管式空载自动断电装置。该装置是利用一个晶体三级管 2AX31A 做成开关电路来控制高灵敏继电器，进而控制交流接触器，达到自动开关电焊机的目的。闸刀 K 合上后，焊接变压器 BH 次级约有 10V 左右电压，当焊条引弧时，电流经互感器 LH 在其二次端产生约几伏的感应电势。经 D_1、D_2、C_3、C_4 倍压整流后，供给晶体管 BG 一个基极电流，使 BG 导通，灵敏继电器 J 吸合，接触器亦随之吸合，电焊即正常工作。一旦电弧熄灭，LH 不再产生感应电势，BG 不导通，J 释放，CJ 也断电，此时即可在 10V 左右的电压下更换焊条，以保证安全。稳压管是 DW 为保护 BG

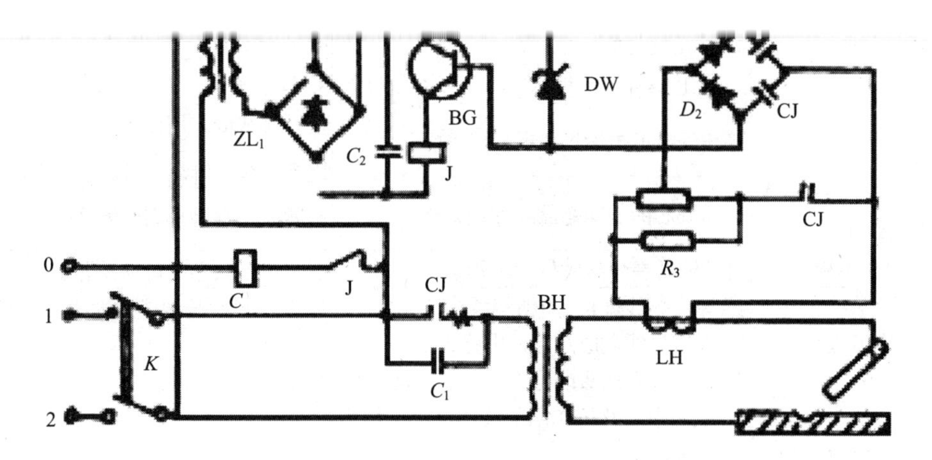

BK_1—控制变压器；CJ—接触器；J—高灵敏继电器；ZL_1—桥式整流器；
D_1D_2—三极管；BG—三极管；LH—交流互感器；BH—焊接变压器

图 4-15　晶体管式空载自动断电装置

七、焊机常见的故障及检修

焊机的维护和检修工作对电焊安全有重要意义。焊机的使用条件应与环境条件相适应，一般情况下，电焊机的工作条件为温度–25～40℃，相对湿度不大于 90%（在 25℃环境温度时）。在特殊环境下，如气温过低或过高，湿度过大，气压过低以及有腐蚀性或爆炸性的环境之中，应使用符合环境要求的特殊性能的焊机。

焊机必须平稳地安放在通风良好、干燥的地方。焊机的工作环境应防剧烈震动和碰撞，安放于室外的焊机，必须有防雨雪的棚罩等防护设施。焊机必须保持清洁干净，经常清扫尘埃避免损坏绝缘。在有腐蚀性气体和导电粉尘的场所，焊机必须作隔离维护。受潮的焊机应用人工干燥方法进行干燥，受潮严重时必须进行检修。焊机应半年进行一次例行维修保养，发现绝缘损坏、电刷磨损或损坏等应及时检修。目前在生产现场较多采用将焊机安置在专用箱内的形式，移动方便，具有整体性，又能防日晒雨淋，不受外界碰撞、打击的影响。但需注意箱体必须接地，以防焊机漏电和电源线进出处绝缘损坏使箱体带电。箱内除装置焊机及有关控制装置之外其他杂物如焊、工具和工作服等不得放于箱内。

交流焊机、整流弧焊机的常见故障及排除方法分别见表 4-5、表 4-6。

导线接线处过热	接线处接触电触过大或接线处螺丝太松	松开接线处，用砂纸或小刀清理接线处出金属光泽，再接好
可动铁芯在焊接时发生“嗡嗡”响声	可动铁芯的制动螺丝或弹簧太松	旋紧制动螺丝，调整弹簧
焊接电流不稳定	可动铁芯在焊接时位置不稳定	固定可动铁芯或可动铁芯手柄
焊接电流过小	1. 焊接导线过长，电阻大 2. 焊接导线盘成圆形，电感大 3. 电缆线有接头或与工件接触不良	1. 减小导线长度或加大线径 2. 将导线拉直 3. 使接头处接触良好
焊机输出电流反常（过小或过大）	1. 电路中起感抗作用的线圈绝缘损坏引起电流过大 2. 铁芯磁回路由于绝缘损坏产生涡流，引起电流变小	检查电路和磁路中的绝缘，排除故障

表 4-6 ZX5 可控硅整流焊接常见故障及排除方法

故障现象	故障原因	消除方法
机壳漏电	1. 电源接线误碰机壳 2. 变压器、电抗器、风扇或控制线路元件等碰机壳 3. 未接安全接地线或接触不良	1. 消除碰处 2. 消除碰处 3. 接好接地线
空载电压过低	1. 电源电压过低 2. 变压器绕组短路	1. 调高电源电压 2. 消除短路
电流调节失灵	1. 控制线组短路 2. 控制回路接触不良 3. 整流元件击穿	1. 消除短路 2. 使接触良好 3. 更换元件
焊接电流不稳定	1. 主回路接触器抖动 2. 风压开关抖动 3. 控制回路接触不良，工作失常	1. 消除抖动 2. 消除抖动 3. 修理控制回路
工作中焊接电压突然降低	1. 主回路部分或全部短路 2. 整流元件击穿或短路 3. 控制回路断路或电位器未整定好	1. 修复线路 2. 更换元件，检查保护线路 3. 检修调整控制回路
风扇电机不转	1. 熔断器断 2. 电动机引线或绕组断线 3. 开关接触不良	1. 更换熔断器 2. 接好或修复 3. 使接触良好
电流表无指示	1. 电流表或相应接线短路 2. 主回路出故障 3. 饱和电抗器和交流线组断线	1. 修复电表 2. 排除故障 3. 排除故障
开机后指示灯不亮，风扇不转	1. 电源缺相 2. 原动空气开关损坏 3. 指示灯接触不良或损坏	1. 清理指示灯接触面 2. 更换空气开关 3. 清理指示灯接触面或更换指示灯

风扇和焊机正常工作		
开机后无空载电压输出	1. 电压表损坏 2. 晶闸管损坏 3. 控制线路板损坏	1. 更换电压表 2. 更换损坏的晶闸管 3. 更换损坏的控制线路板
开机后焊接能工作，但电流偏小，空载低于 60V	1. 三相电源缺相 2. 换相电容损坏 3. 控制电路板损坏 4. 焊钳电缆截面积太小	1. 恢复缺相电源 2. 更换损坏的换相电容 3. 更换损坏的控制电路板 4. 更换损坏的三相整流桥
控制失灵	1. 遥控插座接触不良 2. 遥控电线内部断线或调节电位器损坏 3. 遥控开关没放在遥控位置上	1. 清理遥控插座 2. 更换导线或更换电位器 3. 将遥控选择开关置于遥控位置上
焊接电源接通，空开立即断电	1. 晶闸管损坏 2. 整流管损坏 3. 控制电路板有损坏 4. 电解电容个别有损坏 5. 过压保护板损坏 6. 压敏电阻有损坏 7. 三相整流桥有损坏	1. 更换晶闸管 2. 更换整流管 3. 更换控制电路板 4. 更换损坏的电解电容 5. 更换损坏的过压保护板 6. 更换损坏的压敏电阻 7. 更换损坏的三相整流桥
焊接过程中出现连续断弧现象	1. 输出电流偏小 2. 输出极性接反 3. 焊条牌号选择不对 4. 电抗器有匝间短路或绝缘不良	1. 增大输出电流 2. 改换焊机输出极性 3. 更换焊条 4. 维修电抗器匝间短路或绝缘不良的现象

习 题

1. 电流对人体的危害有哪些？
2. 什么叫空载电压？什么叫焊机的负载率？
3. 逆变焊机与一般焊机比较有哪些特点？
4. 手工电弧焊应注意哪些安全操作？
5. 氩弧焊应注意哪些安全操作？
6. 使用 CO_2 气体保护焊应注意哪些问题？
7. 等离子弧焊应注意哪些安全操作？
8. 发生间接电击事故的原因有哪些？

第一节　电阻焊的基本原理

一、电阻焊概述

电阻焊是将被焊工件压紧于两电极之间，并通以电流，利用电流流经工件接触面及邻近区域产生的电阻热将其加热到熔化或塑性状态，使之形成金属结构的一种方法。

电阻焊方法主要有 4 种，即点焊、缝焊、凸焊、对焊。见图 5-1。

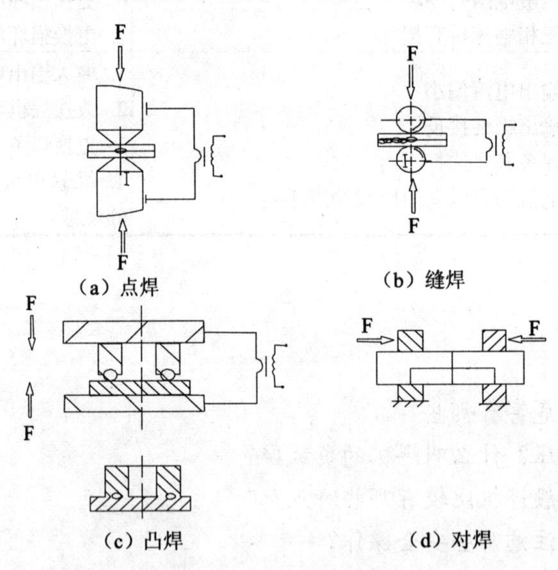

图 5-1　电阻焊主要方法

点焊时，工件只在有限的接触面上。即所谓“点”上被焊接起来，并表成扁球形的熔核。点焊又可分为单点焊和多点焊。多点焊时；使用两对以上的电极，在同一工序内形成多个熔核。

缝焊类似点焊。缝焊时，工件在两个旋转的盘状电极（滚盘）间通过后，形成一条焊点前后搭接的连续焊缝。

凸焊是点焊的一种变型。在一个工件上有预制的凸点，凸焊时，一次可在接头处形成一个或多个熔核。

②加热时间短，热量集中，故热影响区小，变形与应力也小，通常在焊后不必安排矫正和热处理工序。

③不需要焊丝、焊条等填充金属，以及氧、乙炔、氩等焊接材料，焊接成本低。

④操作简单，易于实现机械化和自动化，改善了劳动条件。

⑤生产率高，且无噪声及有害气体，在大批量生产中，可以和其他制造工序一起编到组装线上。但闪光对焊因有火花喷溅，需要隔离。

电阻焊缺点：

①目前还缺乏可靠的无损检测方法，焊接质量只能靠工艺试样和工件破坏性试验来检查，以及靠各种监控技术来保证。

②点、缝焊的搭接接头不仅增加了构件的重量，且因在两板间熔核周围形成夹角，致使接头的抗拉强度和疲劳强度均较低。

③设备功率大，机械化、自动化程度较高，使设备成本较高、维修较困难，并且常用的大功率单相交流焊机不利于电网的正常运行。

随着航空航天、电子、汽车、家用电器等工业的发展，电阻焊越来越受到社会的重视，同时，对电阻焊的质量也提出了更高的要求。可喜的是，我国微电子技术的发展和大功率可控硅、整流器的开发，给电阻焊技术的提高提供了条件。目前我国已生产了性能优良的次组整流焊机。由集成元件和微型计算机制成的控制箱已用于新焊的配套和老焊机的改造。恒流、动态电阻，热膨胀等先进的闭环监控技术已开始在生产中推广应用。这一切都将有利于提高电阻焊质量，并扩大其应用领域。

二、电阻焊基本原理

（一）焊接热的产生及影响产热的因素

点焊时产生的热量由下式决定

$$Q=I^2Rt \tag{5-1}$$

式中：Q——产生的热量，J；

I——焊接电流，A；

t——焊接时间，s。

1．电阻 R 及影响 R 的因素

式（5-1）中的电极间电阻包括工件本身电阻 R_w，两工件间接触电阻 R_c，电极与工件间接触电阻 R_{ew}，见图 5-2。

$$R=2R_w+R_c+2R_{ew} \tag{5-2}$$

当工件和电极已定时，工件的电阻 R_w 取决于它的电阻率。因此，电阻率是被焊材料的重要性能。电阻率高的金属其导热性差（如不锈钢），电阻率低的金属其导热性好（如铝合金）。因此，点焊不锈钢时产热易而散热难，点焊铝合金时产热难而散热易。点焊时，前者可以用较小的电流（几千安培），后者就必须用很大电流（几万安培）。

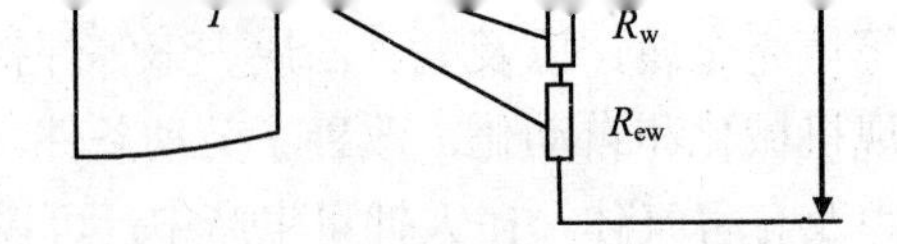

图 5-2 点焊时的电阻分布和电流线

电阻率不仅取决于金属种类，还与金属的热处理状态和加工方式有关。通常金属中含合金元素越多，电阻率就越高。淬火状态的又比退火状态的电阻率高。例如退火状态的LY12铝合金电阻率为 4.3μΩ·cm。金属经冷作加工后，其电阻率也增高。

各种金属的电阻率还与温度有关。随着温度的升高，电阻率增高，并且金属熔化时的电阻率比熔化前高 1～2 倍。

电极电压变化将改变工件与工件、工件与电极间的接触面积，从而也将影响电流线的分布，见图 5-2 所示。随着电极压力的增大，电流线的分布将较分散，因此工件电阻将减小。

熔核开始形成时，由于熔化区的电阻增大，将迫使更大部分电流从其周围的压接区（塑性焊接环）流过，使该区再陆续熔化，熔核不断扩展，但熔核直径受电极端面直径的制约，一般不超过电极端面直径的 20%，熔核过分扩展，将使塑性焊接环因失压而难以形成，而导致熔化金属的溅出（飞溅）。

式（5-2）中的接触电阻 R_c 由两方面原因形成：

①工件和电极表面有高电阻系数的氧化物或脏物层，使电流受到较大阻碍，过厚的氧化物和脏物层甚至会使电流不能导通。

②在表面十分洁净的条件下，由于表面的微观不平度，使工件只能在粗糙表面的局部形成接触点，在接触点处形成电流线的收拢。由于电流通道的缩小而增加了接触处的电阻。

电极压力增大时，粗糙表面的凸点将被压溃，凸点的接触面增大，数量增多，表面上的氧化膜也更易被挤破。温度升高时，金属的压溃强度降低（低碳钢 600℃时，铝合金 350℃，压溃强度大于 0），即使电极压力不变，也会有凸点接触面增大、数量增多的结果。可见，接触电阻将随电极压力的增大和温度的升高而显著减小。因此，表面清理不十分洁净时，接触电阻仅在通电开始极短的时间内存在，随后就会迅速减小以致消失。

接触电阻尽管存在的时间极短，但在以很短的加热时间点焊铝合金薄件时，对熔核的形成和焊点强度的稳定性仍有非常显著的影响。

R_{ew} 与 R_c 相比，由于铜合金的电阻率和硬度一般比工件低，因此 R_{ew} 比 R_c 更小，对熔核形成的影响也更小。

2．焊接电流的影响

从公式（5-1）可见，电流对产热的影响比电阻和时间两者都大。因此，在点焊过程中，它是一个必须严格控制的参数。引起电流变化的主要原因是电网电压波动和交流焊机次级大电极接触面积或凸焊时的凸点尺寸，都会降低电流强度和焊接热，从而使接头强度显著下降。

3．焊接时间的影响

为了保证熔核尺寸和焊点强度，焊接时间与焊接电流在一定范围内可以互为补充。为了获得一定强度的焊点，可以采用大电流和短时间（强条件，又称强规范），也可以采用小电流和长时间（弱条件，又称弱规范）。选用强条件还是弱条件，则取决于金属的性能、厚度和所用焊机的功率。但对于不同性能和厚度的金属必需的电流和时间，都仍有一个上、下限，超过此限，将无法形成合格的熔核。

4．电极压力的影响

电极压力对两电极间总电阻 R 有显著影响，随着电极压力的增大，R 显著减小。此时焊接电流虽略有增大，但不会因 R 减小而引起产热的减少。因此，焊点强度总是随着电极压力的增大而降低。在增大电极压力的同时，增大焊接电流或延长焊接时间，以弥补电阻减小的影响，可以保持焊点强度不变。采用这种焊接条件有利于提高焊点强度的稳定性。电极压力过小，将引起飞溅，也会使焊点强度降低。

5．电极形状及材料性能的影响

由于电极的接触面积决定着电流密度，电极材料的电阻率和导热性关系着热量的产生和散失，因而电极的形状和材料对熔核的形成有显著影响。随着电极端头的变形和磨损，接触面积将产大，焊点强度将降低。

6．工件表面状况的影响

工件表面上的氧化物、污垢、油和其他杂质增大了接触电阻。过厚的氧化物层甚至会使电流不能通过。局部的导通，由于电流密度过大，则会产生飞溅和表面烧损。氧化物层的不均匀还会影响各个焊点加热的不一致，引起焊接质量的波动。因此，彻底清理工件表面是保证获得优质接头的必要条件。

（二）焊接循环

点焊和凸焊的焊接循环由四个基本阶段组成，见图 5-3 所示。

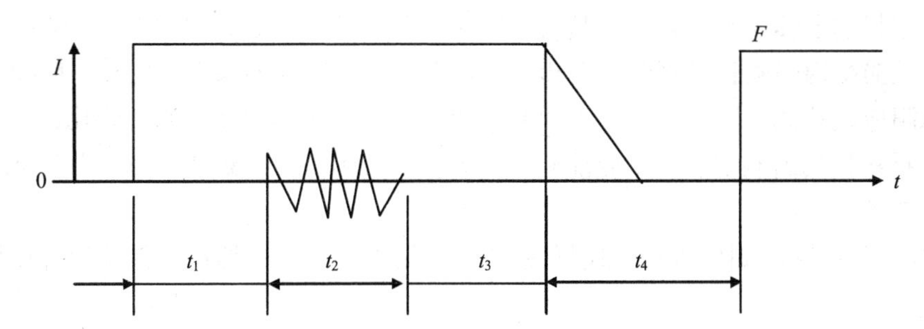

F—电极压力；I—焊接电流；t_1—预压时间；t_2—焊接时间；t_3—维持时间；t_4—休止时间

图 5-3　点焊和凸焊的基本焊接热循环

④休止时间 t_4——电极电流再次开始下降，准备在下一个待焊压紧工件的时间。休止时间只适用于焊接循环重复进行的场合。

通电焊接必须在电极压力达到满值后进行，否则，可能因为压力过低而飞溅，或因压力不一致影响加热，造成焊点强度的波动。

电极提起必须在电流全部切断之后，否则，电极工件间将引起火花，甚至烧穿工件。这一点在直流脉冲焊机上尤为重要。

第二节 点 焊

点焊是一种高速、经济的连接方法。它适用于制造可以采用搭接、接头不要求气密、厚度小于 3mm 的冲压，轧制的薄板构件。

这种方法广泛用于汽车驾驶室、金属车厢的板、家具等低碳钢产品的焊接。在航空航天工业中，多用连接飞机、喷气发动机、火箭、低合金钢、不锈钢、铝合金、钛合金等材料制成的导弹的部件。

点焊有时也用于连接厚度达 6mm 或更厚的金属板，但与熔焊的对接接头相比较，点焊的承载能力低，搭接接头增加了构件的重量和成本，且需要昂贵的特殊焊机。因而是不经济的。

一、点焊电极

点焊电极是保证点焊质量的重要零件，它的主要功能有：

①向工件传导电流；

②向工件传递压力；

③迅速导散焊接区的热量。

基本电极的上述功能，就要求制造电极的材料应具有足够高的电导率、热导率和高温硬度，电极的结构必须有足够的强度和刚度，以及充分冷却的条件。此外，电极与工件间的接触电阻应足够低，以防止工件表面熔化或电极与工件表面之间的合金化。

电极材料按我国航空航天工业部航空工业标准 HB 5420—89 的规定，分为 4 类，但常用的是前 3 类。

1 类　高电导率、中等硬度的铜及铜合金。这类材料主要通过冷作变形方法达到其硬度要求。

2 类　具有较高的电导率、硬度高于 1 类合金。这类合金可通过冷作变形与热处理相结合的方法达到其性能要求。与 1 类合金相比，它具有较高的力学性能，适中的电导率，在中等程度的压力下，有较强的抗变形能力，因此是最通用的电极材料，广泛地用于点焊好，软化温度高，但电导率较低。因此适用于点焊电导率低和高温高强度的材料，如不锈钢、高温合金等。这类合金也适于制造不受力或低应力的导电构件。

点焊电极由 4 部分组成：端部、主体、尾部和冷却水孔。标准电极（即直电极）有 5 种形式。

电极的端面直接与高温的工件表面接触，在焊接生产中反复承受高温和高压，因此，黏附、合金化和变形是电极设计中应着重考虑的问题。

二、点焊方法和工艺

点焊通常分为双面点焊和单面点焊。双面点焊时，电极由工件的两侧向焊接处馈电。单面点焊时，电极由工件的同一侧向焊接处工艺参数可以单独调节，全部焊点可以同时焊接，生产率高。各焊点工艺参数选择方法通常是根据工件的材料和厚度，参考该种材料的焊接条件表选取。首先确定电极的端面形状和尺寸；其次初步选定电极压力和焊接时间，然后调节焊接电流，以不同的电流焊接试样。经检验熔核符合要求后，再在适当的范围内调节电极压力，焊接时间和电流，进行试样的焊接和检验，直到焊点质量完全符合技术条件所规定的要求为止。

无论是点焊、缝焊或凸焊，在焊前必须进行工件表面清理，以保证接头质量稳定。

清理方法分机械清理和化学清理两种。常用的机械清理方法有喷砂、喷丸以及用砂布或钢丝刷等。

不同的金属和合金，须采用不同的清理方法。简介如下：

铝及其合金对表面清理的要求十分严格，由于铝对氧的化学亲和力极强，刚清理过的表面上会很快被氧化，形成氧化铝薄膜。因此，清理后的表面在焊前允许保持的时间是有严格限制的。

铝合金的氧化膜主要用化学方法去除，在碱溶液中去除油和冲洗后，将工件放进正磷酸溶液中腐蚀清洗。

铝合金也可用机械方法清理。如用棕刚玉或碳化硅磨料，粒度 24～120 目的砂布，或用电动或风动的不锈钢钢丝刷等清理。

为了确保焊接质量的稳定性，目前国内各工厂多在化学清理后，在焊前再用钢丝刷清理工件搭接的内表面。

镁合金一般使用化学清理，经腐蚀后再在铬酐溶液中钝化。这样处理后会在表面形成薄而致密的氧化膜，它具有稳定的电气性能，可以保持 10 昼夜或更长时间，性能几乎不变。镁合金也可以用钢丝刷清理。

铜合金可以通过在硝酸及盐酸中处理，然后进行中和并清除焊接处残留物。

不锈钢、高温合金电阻焊时，保持工件表面的高度清洁十分重要，因为油、尘土、油漆的存在，能增加硫脆化的可能性，从而使接头产生缺陷。清理方法可用抛沙、喷丸、钢丝刷或化学腐蚀。对于特别重要的工件，有时用电解抛光，但这种方法复杂而且生产率低。

钛合金的氧化皮，可在盐酸、硝酸及磷酸钠的混合溶液中进行浓度腐蚀加以去除，也必须用喷砂、喷丸，或者用化学腐蚀的方法清除氧化皮，可在硫酸及盐酸溶液中，或者在以磷酸为主但含有硫脲的溶液中进行腐蚀，后一种成分可有效地同时进行除油和腐蚀。

三、常用金属的点焊

（一）低碳钢的点焊

低碳钢的含碳量低于0.25%。其电阻率适中，需要的焊机功率不大；塑性温度区宽，易于获得所需的塑性变形而不必使用很大的电极电压；碳与微量元素含量低，无高熔点氧化物，一般不产生淬火组织或夹杂物；结晶温度区间窄、高温强度低、热膨胀系数小，因而开裂倾向小。这类钢具有良好的焊接性，其焊接电流、电极压力和通电时间等工艺参数具有较大的调节范围。

（二）淬火钢的点焊

由于冷却速度极快，在点焊淬火钢时必然产生硬脆的马氏体组织，在应力较大时还会产生裂纹。为了消除淬火组织、改善接头性能，通常采用电极间焊后回火的双脉冲点焊方法。这种方法的第一个电流脉冲为焊接脉冲，第二个为回火处理脉冲。使用这种方法时应注意两点：

①两脉冲之间的间隔时间一定要保证使焊点冷却到马氏体转变点M_s温度以下；

②回火电流脉冲幅值要适当，以避免焊接区的金属重新超过奥氏体钢相变点而引起二次淬火。

（三）镀层钢板的点焊

1．焊接时的主要问题

①表层易破坏，失去原有镀层的作用。

②电极易与镀层黏附，缩短电极使用寿命。

③与低碳钢相反，适用的焊接工艺参数范围较窄，易于形成未焊透或飞溅，因而必须精确控制工艺参数。

④镀层金属的熔点通常比低碳钢低，加热时先熔化的镀层金属使两板间的接触面扩大、电流密度减小。因此，焊接电流应比无镀层时大。

⑤为了将已熔化的镀层金属排挤出接合面，电极压力应比无镀层时高。

贴聚氯乙炔烯塑料面的钢板焊接时，除保证必要的强度外，还应保护贴塑面不被破坏。因此必须采用单面点焊，并采用较短的焊接时间。

2．镀锌钢板的点焊

镀锌钢板大致分为电镀锌钢板和热浸镀锌钢板，前者的镀层比后者薄。

镀锌钢板点焊时应采取有效的通风装置，因为ZnO烟尘对人体健康有害。

3．镀铝钢板的点焊

镀铝钢板分为两类，第一类以耐热为主，表面镀有一层厚20～25μm的Al-Si合金（含Si 6%～8.5%），可耐640℃高温。第二类以耐腐蚀为主，为纯铝镀层，镀层厚为第一类的2～3倍。点焊这两类镀铝钢板时都可以获得强度良好的焊点。

由于镀铝的导电、导热性好，因此需要较大的焊接电流，并应采用硬铜合金的球面电极。

4．镀铜钢板的点焊

镀铜钢板是在低碳钢板上镀以75%铜和25%锡的铜-锡合金镀层。这种材料价格较贵，较少使用。

（四）不锈钢的点焊

不锈钢一般分为：奥氏体不锈钢、铁素体不锈钢和马氏体不锈钢3种。由于不锈钢的电阻率高、导热性差，因此与低碳钢相比，可采用较小的焊接电流和较短的焊接时间。这类材料有较高的高温强度，必须采用较高的电极压力，以防止产生缩孔、裂纹等缺陷。不锈钢的热敏感性强，通常采用较短的焊接时间、强有力的内部和外部水冷却，并且要准确地控制加热时间和焊接电流，以防热影响区晶粒长大和出现晶间腐蚀现象。

点焊不锈钢的电极推荐用2类或3类电极合金，以满足高电极压力的需要。

马氏体不锈钢由于淬火倾向，点焊时要求采用较长焊接时间。为消除淬硬组织，最好采用焊后回火的双脉冲点焊。点焊时一般不采用电极的外部水冷却，以免因为淬火而产生裂纹。

（五）高温合金的点焊

高温合金分为铁基和镍基合金，它们的电阻率和高温强度比不锈钢更大，因而要用较小的焊接电流和较大的电极压力。为了减少高温合金点焊时出现裂纹和胡须等缺陷，还应尽量避免焊点过热。所用电极推荐采用3类电极合金，以减少电极的变形和消耗。点焊较厚板件（2mm以上）时，最好在焊接脉冲之后再加缓冷脉冲并施加锻压力，以防止缩孔和裂纹；同时采用球面电极，以利于熔核的压固和散热。

（六）铝合金的点焊

铝合金的应用十分广泛，分为冷作强化和热处理强化两大类。铝合金点焊的焊接性较差，尤其是热处理强化的铝合金。其原因及应采取的工艺措施如下：

1．电导率和热导率较高

必须采用较大电流和较短时间，才能做到既有足够的热量形成熔核；又能减少表面过热、避免电极黏附和电极铜离子向纯铝包复层扩散、降低接头的抗腐蚀性。

大厚度的铝合金可以两种方法并用。

3．**表面易生成氧化膜**

焊前必须严格清理，否则极易引起飞溅和熔核成形不良（撕开检查时，熔核形状不规则，凸台和孔不呈圆形），使焊点强度降低。表面清理不均匀则将引起焊点强度不稳定。

基于上述原因，点铝合金应选用具有下列特性的焊机：

①能在短时间内提供大电流；

②电流波形最好有缓升缓降的特点；

③能精确控制工艺参数，且不受电网电压波动影响；

④能提供阶形和马鞍形电极压力；

⑤机头的惯性和摩擦力小，电极随动性好。

当前国内使用的多为 300～600kV·A 直流脉冲、三相低频和次级整流焊机，个别的达 1 000kV·A，均具有上述特性。也有采用单相交流焊机的，但仅限于不重要工作。

点焊铝合金的电极应采用 1 类电极合金，球形端面，以利于压固熔核和散热。

（七）铜和铜合金的点焊

铜合金与铝合金相比，电阻率稍高而导热性稍差，所以点焊并无太大困难。厚度小于 1.5mm 的铜合金，尤其是低电导率的铜合金在广泛生产中用得最广泛。纯铜电导率极高，点焊比较困难。通常需要在电极与工作间加垫片，或使用在电极端头嵌入钨的复合电极，以减少向电极的散热。钨棒直径通常为 3～4mm。

焊接铜和高电导率的黄铜和青铜时，一般采用 1 类电极合金做电极，焊接低电导率的黄铜、青铜和铜镍合金时，采用 2 类电极合金。也可以用嵌有钨的复合电极焊接铜合金。由于钨的导热性差，故可使用小得多的焊接电流，在常用的中等功率的焊机上进行点焊。但钨电极容易和工件黏着，影响工件的外观。

铜和高电导率的铜合金因电极黏附严重，很少采用点焊，即使用复合电极，也只限于点焊薄铜板。

（八）钛合金的点焊

钛合金的比强度高，耐腐蚀性强，并有良好的热强性。因而广泛应用于航空航天及化工工业。

钛合金的焊接性与不锈钢相似，工艺参数也大致相同。焊前一般不需要特别清理，有氧化膜时可进行酸洗。钛合金热敏感性强，即使采用较高的要求，晶粒也会增大。焊透率可高达 90%，但对质量无明显影响。由于钛合金的高温强度大，电极最好用 2 类电极合金，球形端面。

缝焊是用一对滚盘电极代替点焊的圆柱形电极，与工件相对运动，从而产生一个个熔核相互搭叠的密封焊缝的焊接方法。

缝焊广泛应用于油桶、罐头罐、暖气片、飞机和汽车油箱以及喷气发动机、火箭、导弹中密封容器的薄板焊接。

一、缝焊电极

缝焊用的电极是圆形的滚盘，滚盘的直径一般为50～600 mm，常用的直径为180～250 mm。滚盘厚度为 10～20 mm。接触表面形状有圆柱面和球面两种，个别情况下采用圆锥面。圆柱面滚盘除双侧倒角的形式外，还可以做成单侧倒角的形式，以适应折边接头的缝焊。接触表面宽度视工件厚度不同可为3～10mm，球面半径为25～200 mm。圆柱面滚盘广泛用于焊接各种钢和高温合金，球面滚盘因易于散热、压痕均匀，常用于轻合金的焊接。

滚盘通常采用外部冷却方式。焊接有色金属和不锈钢时，有清洁的自来水即可。焊接一般钢时，为防止生锈，常用 5%硼砂的水溶液冷却。滚盘有时也采用内部循环水冷却，特别是焊接铝合金的焊机，但其构造要复杂得多。

二、缝焊方法

按滚盘转动与馈电方式分，缝焊可分为连续缝焊、断续缝焊和步进缝焊。

连续缝焊时，滚盘连续转动，电流不断通过工件。这种方法易使工件表面过热，电极磨损严重，因而很少使用。但在高速缝焊时（4～15 m/min），50Hz 交流电的每半周将形成一个焊点，交流电过零时相当于休止时间，这又近似于下述的断续缝焊，因而在制缸、制桶工业中获得应用。

断续缝焊时，滚盘连续转动，电流断续通过工件，形成的焊缝由彼此搭叠的熔核组成。由于电流断续通过，在断电时间内，滚盘和工件得以冷却，因而可以提高滚盘寿命、减小热影响区宽度和工件变形，获得较优的焊接质量。这种方法已被广泛应用于1.5mm 以下的各种钢、高温合金和钛合金的缝焊。断续缝焊时，由于滚盘不断离开焊接区，熔核在压力减小的情况下结晶，因此在焊点搭叠处表面过热、缩孔和裂纹（如在焊接高温合金时）。尽管在焊点搭叠量超过熔核长度 50%时，后一点的熔化金属可以填充前一点的缩孔，但最后一点的缩孔是难以避免的。不过目前国内研制的微机控制箱，能够在焊缝收尾部分逐点减小焊接电流，从而解决了这一难题。

步进缝焊时，滚盘断续转动，电流在工件不动时通过工件。由于金属的熔化和结晶均在滚盘不动时进行，改善了散热和压固条件，因而可以更有效地提高焊接质量，延长滚盘寿命。这种方法多用于铝、镁合金的缝焊。用于缝焊高温合金，也能有效地提高焊接质量，但因国内这种类型的交流焊机很少，因而未获应用。当焊接硬铝，以及厚度为 4mm 以上的各种金属时，必须采用步进缝焊，以便在形成每一个焊点时都像点焊一样施加锻压力，焊接电流、电极压力、焊接时间、休止时间、焊接速度和滚盘直径等。

（一）焊接电流

缝焊形成熔核所需的热量来源与点焊相同，都是利用电流通过焊接区电阻产生的热量。在其他条件给定的情况下，焊接电流的大小决定了熔核的焊透率和重叠量。在焊接低碳钢时，熔核平均焊透率为钢板厚度的30%～70%，以45%～50%为最佳。为了获得气密焊缝熔核重叠量应不小于15%～20%。

当焊接电流超过某一定值时，继续增大电流只能增大熔核的焊透率和重叠量而不会提高接头强度，这是不经济的。如果电流过大，还会产生痕过深和焊缝烧穿等缺陷。

缝焊时由于熔核互相重叠而引起较大分流，因此，焊接电流通常比点焊时增大15%～40%。

（二）电极压力

缝焊是电极压力对熔核尺寸的影响与点焊一致。电极压力过高会使压痕过深，同时会增加滚盘的变形和损耗。压力不足则易产生缩孔，并会因接触电阻过大易使滚盘烧损而缩短其使用寿命。

（三）焊接时间和休止时间

缝焊时，主要通过焊接时间控制熔核尺寸，通过冷却时间控制重叠。在较低的焊接速度时，焊接与休止时间之比为 1.25∶1～2∶1，可获得满意结果。当焊接速度增加时，焊点间距增加，此时要获得重叠量相同的焊缝，就必须增大此比例。为此，在较高焊接速度时，焊接与休止时间之比应为3∶1或更高。

（四）焊接速度

焊接速度与被焊金属、板件厚度以及对焊缝强度和质量的要求等有关。通常在焊接不锈钢、高温合金和有色金属时，为了避免飞溅和获得致密性高的焊缝，必须采用较低的焊接速度。有时还采用步进缝焊，使熔核形成的全过程均在滚盘停止的情况下进行。这种缝焊的焊接速度要比常用的断续缝焊低得多。

焊接速度决定了滚盘与板件的接触面积，以及滚盘与加热部位的接触时间，因而影响了接头的加热和散热。当焊接速度增大时，为了获得足够的热量，必须增大焊接电流。过大的焊接速度会引起板件表面烧损和电极粘附，因此即使采用外部水冷却，焊接速度也要受到限制。

（一）低碳钢的缝焊

低碳钢是焊接性最好的缝焊材料。低碳钢搭接缝焊根据使用目的和用途可采用高速、中速和低速三种方案。手动移动工件时，为便于对准预定的焊缝位置，多采用中速。自动焊接时，如焊机的容量足够，可以采用高速或更高的速度。如焊机容量不够，不降低速度就不能保证足够大的熔宽和熔深时，就只能采用低速。

（二）淬火合金钢的缝焊

可淬硬合金钢缝焊时，为消除淬火组织，也需要采用焊后回火的双脉冲加热方式。在焊接和回火时，工件应停止移动，即应在步进缝焊机上进行。如果缺少这种设备，只能在断续缝焊机上进行时，建议采用焊接时间较长的弱条件。

（三）镀层钢板的缝焊

1．镀锌钢板的缝焊

镀锌钢板缝焊时，应请注意防止产生裂纹，破坏焊缝的气密性。裂纹产生的原因是残留在熔核内和扩散到热影响区的锌使接头脆化，受应力作用引起的。防止裂纹的方法是正确选择工艺参数。

2．镀铝钢板的缝焊

镀铝钢板缝焊和点焊一样，必须将电流增大15%～20%。由于黏附现象比镀锌钢板还严重，因此必须经常修整滚盘。

3．镀铅钢板的缝焊

镀铅钢板对汽油有耐蚀性，故常用作汽油油箱。镀铅钢板的缝焊与镀锌钢板一样，主要是裂纹问题。

（四）不锈钢和高温合金的缝焊

不锈钢缝焊困难较少，通常在交焊机上进行。

高温合金缝焊时，由于电阻率高和缝焊的重复加热，更容易产生结晶偏析和过热组织，甚至使工件表面挤出毛刺。为此应采用很慢的速度、较长的休止时间以利于散热。

（五）有色金属的缝焊

1．铝合金的缝焊

铝合金缝焊时，由于电导率高、分流严重，焊接电流要比点焊时提高15%～50%，电极压力提高 5%～10%。又因大功率单相交流缝焊机会严重影响电网三相负荷的均衡性，因此国内铝合金缝焊均采用三相供电的直流脉冲或次级整流步进缝焊机。

为了加强散热，铝合金缝焊应尽量采用球形端面滚盘，并必须用外部水冷。

2．铜和铜合金的缝焊

铜和铜合金由于电导率和热导率高，几乎不能采用缝焊。对于电导率低的铜合金，如

第四节 凸 焊

凸焊主要用于焊接低碳钢和低合金钢的冲压件。凸焊的种类很多，除板件凸焊外，还有螺帽、螺钉类零件的凸焊、线材交叉凸焊、管子凸焊和板材 T 形凸焊等。

板件凸焊最适宜的厚度为 0.5～4mm。焊接更薄的板件时，凸点设计要求严格，需要随动性极好的焊机，因此厚度小 0.25mm 的板件更宜于采用点焊。

一、凸焊的特点

凸焊与点焊相比还具有以下优点：

①在一个焊接循环内可同时焊接多个焊点。不仅生产率高，而且没有分流影响。因此可在窄小的部位上布置焊点而不受点距的限制。

②由于电流密集于凸点。电流密度大，故可用较小的电流进行焊接，并能可靠地形成较小的熔核。在点焊时，对应于某一板厚，要形成小于某一尺寸的熔核是很困难的。

③凸点的位置准确、尺寸一致。各点的强度比较均匀，因此对于给定的强度，凸焊焊点的尺寸可以小于点焊。

④由于采用大平面电极，且凸点设置在一个工件上，所以可最大限度地减轻另一工件外露表面上压痕。同时大平面电极的电流密度小、散热好，电极的磨损要比点焊小得多，因而大大降低了电极的保养和维修费用。

⑤与点焊相比，工件表面的油、锈、氧化皮、镀层和其他涂层对凸焊的影响较小，但干净的表面仍能获得较稳定的质量。

凸焊的不足之处是需要冲制凸点的附加工序、电极比较复杂、由于一次要焊多焊点，需要使用电极压力、高机械精度的大功率焊机。

由于凸焊有上述多种优点，因而获得了极广泛的应用。

二、凸焊电极

凸焊电极通常采用 2 类电极合金制造，因为这类电极合金在电导率、强度、硬度和耐热性等方面具有最好的综合性能。3 类电极合金也能满足要求。

凸焊电极有 3 种基本类型：

①点焊用的圆形平头电极；

②大平头棒状电极；

③具有一组局部接触面的电极，即将电极在接触部位加工出凸起接触面，或将较硬的铜合金嵌块用钎焊或紧固方法定于电极的接触部位。

标准点焊电极用于单点凸焊时，为了减轻工件表面压痕、电极接触面直径应不小于凸直径。这种电极一般可装在大功率点焊机上。

三、凸焊工艺参数

凸焊是点焊的一种变形，通常是在两板之上冲出凸点，然后进行焊接。由于电流集中，克服了点焊时熔核偏移的缺点，因此凸焊时工件的厚度可以超过6∶1。

凸焊时，电极必须随着凸点的被压溃而迅速下降，否则会因失压而产生飞溅，所以应采用电极随动性好的凸焊机。

多点凸焊时，如果焊接条件不适当，会引起凸点移位现象，并导致接头强度降低。

在实际操作时，由于凸点高度不一致，上下电极平行度差，一点固定一点移动要比两点同时移动的情况多。

为了防止凸点移位，除在保证正常熔核的条件下，选用较大的电极压力、较小的焊接电流外，还应尽可能地提高加压系统的随动性。提高随动性的方法主要是减小加压系统可动部分的质量，以及在导向部分采用滚动摩擦。

多点凸焊时，为克服各凸点间的压力不均衡，可以采用附加预热脉冲或采用可转动电极头的办法。

凸焊的主要工艺参数是：电极压力、焊接时间和焊接电流。

（一）电极压力

凸焊的电极压力取决于被焊金属的性能，凸点的尺寸和一次焊成的凸点数量等。电极压力应足以在凸点达到焊接温度时将其完全压溃，并使两工件紧密贴合。电极压力过大会过早地压溃凸点，失去凸焊的作用，同时因电流密度减小而降低接头强度。压力过小又会引起严重飞溅。

（二）焊接时间

对于给定的工件材料和厚度，焊接时间由焊接电流和凸点刚度决定。在凸焊低碳钢和低合金钢时，与电极压力和焊接电流相比，焊接时间是次要的。在确定合适的电极压力和焊接电流后，再调节焊接时间，以获得满意的焊点。如想缩短焊接时间，就要相应增大焊接电流，但过分增大焊接电流可能引起金属过热和飞溅，通常凸焊的焊接时间比点焊长，而电流比点焊小。

多点凸焊的焊接时间稍长于单点凸焊，以减少因凸点高度而引起各点加热的差异。采用预热电流或流斜率控制（通过调幅使电流逐渐增大到需要值），可以提高焊点强度均匀并减少飞溅。

（三）焊接电流

凸焊每一焊点所需电流比点焊同样一个焊点时小。但在凸点完全压溃之前电流必须能使凸点熔化。推荐的电流应该是在采用合适的电极压力下不至于挤出过多金属的最大电因此焊接同种金属时，应将凸点冲在较厚的工件上；焊接异种金属时，应将凸点冲在电导率较高的工件上。但当在厚板上冲出凸点有困难时，也可在薄板上冲凸点。

电极材料也影响两工件上的热平衡，在焊接厚度小于 0.5mm 的薄板时，为了减少平板一侧的散热，常用钨铜烧结材料或钨做电极的嵌板。

四、凸焊接头与凸焊设计

（一）凸焊接头设计

凸焊接头的设计与点焊相似。通常凸焊接头的搭接量比点焊的小。凸点间的间距没有严格限制。

当一个工件的表面质量要求较高时，凸点应冲在另一工件上。在工件上凸焊螺母、螺栓等紧固工件时，凸点的数量必须足以承受设计载荷。

（二）凸点设计

凸点的作用是将电流和压力局限在工件的特定位置上，其形状和尺寸取决于应用的场合和需要的焊点强度。不同资料所推荐的焊点尺寸往往相差甚远。与冲有凸点的板厚相同，当平板较薄时采用小凸点，较厚时采用大凸点。

凸点形状有圆球形和圆锥形两种。后一种可以提高凸点刚度，在电极压力较高时不至于过早压溃；也可以减少因电流密度过大而产生飞溅，但通常多采用圆球形凸点。为防止挤出金属残留在凸点周围而形成板间间隙，有时也采用带环形溢出槽的凸点。多点凸焊时，凸点高度不一致将引起各点电流不平衡，使接头强度不稳定。因此凸点高度误差应不超过 ±0.12 mm，如采用预热电流，则误差可以增大。

凸点也可以做成长形的（近似椭圆形），以增加熔核尺寸、提高焊点强度，此时凸点与平板针为线接触。

凸焊时，除利用上述同种形式的凸点形成接头外，根据凸焊工件种类不同还有多种接头形式。

五、低碳钢的凸焊

低碳钢的凸焊应用最广泛，表 5-1 是圆球和圆锥形凸焊的焊接条件。

表 5-2 是低碳钢螺帽凸焊的焊接条件。凸焊螺帽时应采用较短时间，否则会使螺纹变色，精度降低。电极压力也不能过低，否则会引起凸点移位，使强度降低并损坏螺纹。

0.53	3.97	1.36	8	13	6
0.79	4.76	1.82	13	13	7
1.12	6.35	1.82	17	13	7
1.57	7.94	3.18	21	13	9.5
1.98	9.53	5.45	25	25	13
2.39	11.1	5.45	25	25	14.5
2.77	12.7	7.73	25	38	16
3.18	14.3	7.73	25	38	17

表 5-2　低碳钢螺帽凸焊的焊接条件

螺帽的螺纹直径/mm	平板厚度/mm	电极压力/kN	焊接时间/周	焊接电流/kA
4	1.2	3.0	3	10
	2.3	3.2	3	11
8	2.3	4.0	3	15
	4.0	4.3	3	16
12	1.2	4.8	3	18
	4.0	5.2	3	20
4	2.4	6	8	
	2.6	6	9	
8	2.9	6	10	80.2
	3.2	6	12	
12	4.0	6	15	210
	4.2	6	17	

第五节　对 焊

对接电阻焊（以下简称对焊）是利用电阻隔热将两工件沿整个端面同时焊接起来的一类电阻焊方法。

对焊的生产率高，易于实现自动化，因而获得广泛应用。

一、对焊的适用范围

（一）工件的接长

例如带钢、型材、线材、钢筋、钢轨、锅炉钢管、石油和天然气输送等管道的对焊，

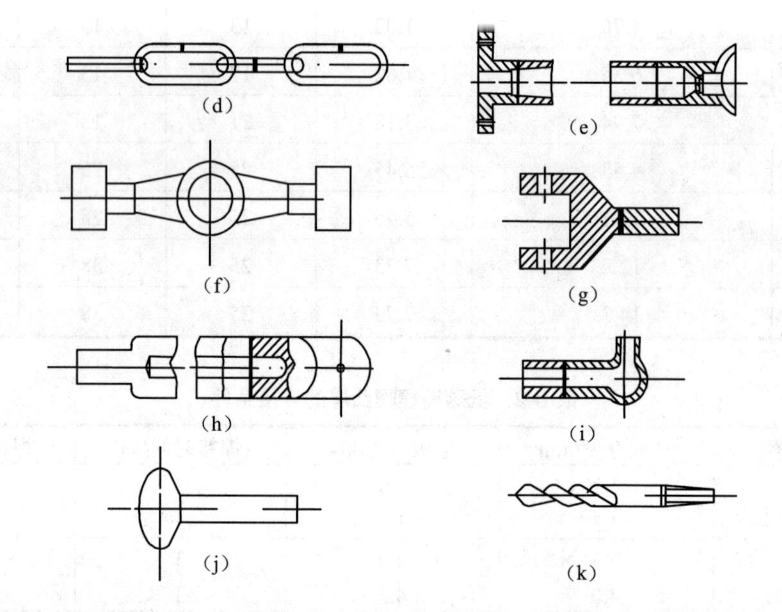

（a）钢轨；（b）管道；（c）汽车轮辋；（d）链环；（e）万向轴外壳；（f）汽车后桥壳体；
（g）连杆；（h）拉杆；（i）特殊形状零件；（j）排气阀；（k）刀具

图 5-4　对焊应用举例

对焊可分为电阻对焊和闪光对焊两种。

（二）环形工件的对焊

例如汽车轮辋和自行车、摩托车轮圈的对焊、各种链环的对焊等，见图 5-4c、d 所示。

（三）部件的组焊

将简单轧制、锻造、冲压或机加工件对焊成复杂的零件，以降低成本。例如汽车万向轴外壳和后桥壳体的对焊，各种连杆、拉杆的对焊，以及特殊零件的对焊等，见图 5-4e、f、g、h、i 所示。

（四）异种金属的对焊

可以节约贵重金属，提高产品性能。例如刀具的工作部分阶段（高速钢）与尾部（中碳钢）的对焊，内燃机排气阀的头部（耐热钢）与尾部（结构钢）的对焊，铝铜焊接头的对焊等，见图 5-54j、k 所示。

电阻对焊是将两工件端面始终压紧，利用电阻加热至塑性状态，然后迅速施加顶锻压力（或不加顶锻压力只保持焊接时压力）完成焊接的方法。

（二）闪光对焊

闪光对焊可分为连续闪光对焊和预热闪光对焊。连续闪光对焊由两个主要阶段组成：闪光阶段和顶锻阶段。预热闪光对焊只是在闪光阶段前增加了预热阶段。

第六节 电阻焊设备及安全操作

一、电阻焊设备分类

电阻焊设备是指采用电阻加热原理进行焊接操作的一种设备。包括点焊机、缝焊机，凸焊机和对焊机，有些场合还包括与这些焊机配套的控制箱。一般的电阻焊机设备由3个主要部分组成：

①以阻焊变压器为主，包括电极及次级回路组成的焊接回路。

②由机架和有关夹持工件及施加焊接压力的传动机构组成的机械装置。

③能按要求接通电源，并可控制焊接程序中各段时间及调节焊接电流的电路。

为了保证电阻焊设备的正常运行，使其能发挥最大的效能，电阻焊设备要尽量满足下列要求：

（一）使用条件

①空气自然冷却的焊机，海拔不超过1 000m，周围空气最高温不大于40℃。

②通过冷却的焊机，进水口的水温不大于30℃，冷却水的压力应能保证必需的流量，水质应符合工业用水标准。

③电网供电参数：220V或380V，50Hz。在下列电网供电品质条件下焊机应能正常工作：

电压波动：在±10%内（当频率为额定值时）。

频率波动：不大于±2%（当电压为额定值时）。

（二）主要技术要求

①焊机中不与地相连接的电气回路，在规定的使用条件下其对地绝缘电阻应不低于2.5MΩ。

②焊机中不与地相连接，工作电压为以下值时的电气回路应承受规定的试验电压，持续1 min。

其空载视在功率与空载电流的允许值可较表中数值大 2.5 倍。

表 5-3 阻焊变压器空载视在功率及空载电流允许值

额定功率/（kV·A）	空载视在功率 P_s/W	空载电流允许值 I_{10}/A			
		额定初级电压 U_{1n}/V			
		220	380	415	500
5	1 000	4.5	2.6	2.4	2.0
10	1 800	8.2	4.7	4.3	3.6
16	2 600	11.6	6.7	6.2	5.1
25	3 750	17.0	9.9	9.0	7.5
40	5 600	25.5	14.7	13.5	11.2
63	8 200	37.2	21.6	19.7	16.4
80	8 800	40.0	23.2	21.2	17.6
100	10 000	45.5	26.3	24.1	20.0
125	11 250	51.1	29.6	27.1	22.5
160	12 800	58.2	33.7	30.8	25.6
200	14 000	63.6	36.8	33.7	28.0
250	15 000	68.2	39.5	36.1	30.0
315	15 750	71.6	41.4	38.0	21.5
400	20 000	90.9	52.6	48.2	40.0

④焊机的最大次级短路电流值（I_{20}）在以间接方式测定时（即以初级电流与阻焊变压器变压比的乘积计算）允差 10%，当使用专门大电流直接测定时允差±5%。

⑤阻焊变压器线圈温升的测定最常采用的是电阻法。大多数阻焊变压器的是水冷结构，绝缘等级以 B 级为多，因此线圈的温升极限值是 95K。如果绝缘等级提高到 F 级则温升极限值是 115K。

⑥焊机加压机构应保证电极间压力稳定，电极电压的实际值与额定值之差不应超过额定值的±8%。

二、点焊机和凸焊机

（一）摇臂式点焊机

最简单和最通用的点焊机是摇臂式点焊机。这种点焊机是利用杠杆原理，通过上电极臂施加电极压力。上、下电极臂为伸长的圆柱形构件，既传递电极压力，也传递焊接电流。

摇臂式焊机的上电极是绕上电极臂支承轴做圆弧运动，当上电极和下电极与工件接触气动摇臂式焊机的电极压力是活塞力与杠杆长度比的乘积。因此电有压力与用减压阀控制的压缩空气压强成正比。

在脚踏和电动机凸轮操作的焊机中，弹簧力代替活塞力。弹簧被脚踏推动的杠杆或被电动驱动的凸轮压缩。电极压力与弹簧的压缩量成正比。

脚踏操作的点焊机适用于焊接要求不高的小批量工件。电动机驱动的焊机用于压缩空气不易得到的场合。

摇臂式焊机不论如何操作，随着臂伸长度的增加，焊接电流和电极压力都会降低。

摇臂式焊机由于上极的运动轨迹是圆弧形的，因而不适宜作凸焊。

（二）直压式焊机

直压式焊机适用于点焊及凸焊。这类焊机的上电极在有导向构件的控制下作直线运动。电极压力由气缸或液压缸直接作用。

点焊机的臂伸长度是指电极中心线与机架平面之间距离。凸焊机的臂伸长度是指气缸中心线与机架平面之间的距离。凸焊机的刚性要求高，故臂伸长度较小。为了扩大使用范围，点焊机的臂伸长度一般较长。

（三）多点焊机

多点焊机是大批量生产中的专用设备，例如汽车生产线上针对具体冲压焊接件而专门设计制造的。

多点焊机一般采用多个阻焊变压器及多把焊枪根据工件形状分布。电极压力由安装在焊枪上的气缸或液压缸直接作用在电极上。为了达到较小的焊点间距，焊枪外形和尺寸受到限制，有时需要采用液压缸才能满足要求。

三、缝焊机

缝焊机除电极及其驱动机构外，其他部分与点焊机基本相似。缝焊机的电极驱动机构由电动机通过调速器和万向轴带动电极转动。

有 3 种普通类型的缝焊机：

①横向缝焊机。在焊接操作时形成的缝焊接头与焊机的电极臂相垂直的称横向缝焊机。这种焊机用于焊接水平工件的长焊缝以及圆周环形焊缝。

②纵向缝焊机。在焊接操作时形成的缝焊接头与焊机的电极臂相平行的称纵向缝焊机。这种焊机用于焊接水平工件的短焊缝以及圆筒形容器的纵向直缝。

③通用缝焊机。通用缝焊机是一种纵横两用缝焊机。上电极可作 90° 旋转，而下电极臂和下电极有两套。一套用于横向，另一套用于纵向，可根据需要进行互换。缝焊机的传动机构可以是单由上电极或单由下电极作主动，或者上下电极均是主动。但通用缝焊机都是上电极作主动。大多数缝焊机的电极转动是连续性的，对于较厚工件或镀铝合金工件缝焊时需采用间隙驱动（步进）施焊以保证焊核在冷却结晶时有充分的电极压力施

绝缘。大多数焊机中还有活动调节部件，以保证电极和工件焊接时对准中心线。动夹具则安装在活动导轨上并与闪光和顶锻机构相连接。夹具座由于承受很大的钳口夹紧力，通常都用铸件或焊接结构件。两个夹具上的导电钳口分别与阻焊变压器的次级输出端相连。钳口一方面夹持工件，另一方面要向工件传递焊接电流。

对焊机的阻焊变压器实质上和其他类型电阻焊的阻焊变压器相同，阻焊变压器安组线圈与级数调节组通过电磁接触器或由晶闸管组成的电子断续器和电网接通。当采用电子断续器时，还可配合热量控制器以便为预热或焊后热处理提供较小的电功率。

五、电阻对焊机

电阻对焊机除了没有闪光过程外，其原理与闪光对焊机十分相似。典型电阻对焊机包括一个容纳阻焊变压器及级数调节组的主机架、夹持工件并传递焊接电流的电极钳口和顶锻机构。

最简单的电阻对焊机是手工操作的。自动电阻对焊机可以采用弹簧或气缸提供压力。这样得到的压力稳定，适合焊接塑性范围很窄的有色金属。

六、电阻焊机的安装

（一）对电源的要求

电阻焊设备对电源功率的需求取决于焊接方法和焊机的设计。合适的电源是电阻焊机能达到预期生产率的先决条件之一。工厂电网供电系统主要由电力变压器、馈电母线、装有分断开关和指示仪表的开关板以及从开关板至焊机的导线所组成。

电力变压器和馈电母线是否合适要由两个因素决定：允许的电压降和允许的发热程度。对于多数电阻焊设备而言，允许电压降是决定性因素。但也必须考虑发热因素。

对单台焊机，如只根据发热程度考虑时，确定电力变压器功率的大小是比较简单的。因为一般阻焊变压器的额定功率是根据发热程度确定的。电力变压器通常是100%工作制，而阻焊变压器的负载持续率为50%。当只以发热为基础时，向一台给定的焊机供电的电力变压器的等效功率值等于该焊机阻焊变压器额定值（负载持续率为50%）的70.7%。例如：一台正常运行的150kV·A缝焊机所需的电力变压器功率可为106kV·A。

如果由一台公用的电力变压器供电的若干台焊机中同时工作，则必须研究各台焊机之间的工作分散性因数以及所有焊机的实际工作负载持续率。电阻焊机一般都在低于其最大热容量情况下工作。

根据电压降来确定向一台电阻焊机供电的电力变压器功率大小时，首先要确定焊机规定的最大允许压降。当同一台电力变压器向两台或多台焊机供电时，由一台焊机引起的电压降将会反映在第二台焊机的工作中。因而，为保证焊接正常，不论向单台或多台焊机供计成低阻抗，以使线路中的电压降最小。

每台焊机都应通过单独的分断开关与馈电系统连接。

（二）安装

焊机应远离有激烈振动的设备，如大吨位冲床、空气压缩机等，以免引起控制设备工作失常。

气源压力要求稳定。压缩空气的压力不得低于 0.5MPa，必要时应在焊机近旁安置储气筒。

冷却水压力一般应不低于 0.15MPa，进水温度不高于 30℃。要求水质纯净，以减少造成漏电或引起管路堵塞。在有多台焊机工作的场地，当水源压力太低或不稳定时，应设置专用冷却水循环系统。

在闪光对焊或点焊、缝焊有镀层的工件时，应有通风设备。

（三）排水

大多数电阻焊机都要水冷却。对于排水，一般是经过集水管排出。在点焊和缝焊时还可能采用浇水方式对电极和工件冷却。冷却水由附加集水槽排出。

七、电阻焊机的调试

（一）通电前的检查

按照说明书对照检查连接线是否正确；测量各个带电部位对机身的绝缘电阻是否符合要求；检查机身的接地是否可靠；水和气是否畅通；测量电网电压是否与焊机铭牌数据相符。

（二）通电检查

确认安装无误的焊机，便可进行通电检查。主要是检查控制设备各个按钮与开关操作是否正常。

然后进行不通焊接电流下的机械动作运行。即拔出电压级数调节组的手柄或把控制设备上焊接电流通断开关放在断开的位置。启动焊机，检查工作程序和加压过程。

（三）焊接参数的选择

使用与工件相同材料和厚度裁成的试件进行试焊。试验时通过调节焊接规范参数（电极压力，次组长空载电压、通电时间、热量调节、焊接速度、工件伸出长度、烧化量、顶锻量、烧化速度、顶锻速度、顶锻力等）以获得符合要求的焊接质量。

对一般工件的焊接，用试件焊接一定数量后，经目视检查应无过深的压痕、裂纹和过烧。再经撕破试验检查焊核直径合格均匀即可正式焊接几个工件。经对产品的质量检验合

六、电阻焊机的维护保养

（一）日常保养

这是保证焊机正常运行，延长使用期限的重要环节。主要项目是：保持焊机清洁；对电气部分要保持干燥；注意观察冷却水流通状况；检查电路各部位的接触和绝缘状况。

（二）定期维护检查

机械部位应定期加润滑油。缝焊机还应在旋转导电部分定期加特制的润滑脂；检查活动部分的间隙；观察电极及电极握杠之间的配合是否正常，有无漏水；电磁气阀的工作是否可靠；水路和气路管道有否正常；电气接触处有否松动；控制设备中各个旋钮有否打滑，元件有否脱焊或损坏。

（三）性能参数检测

1．焊接电流及通电时间的检测

一台新的电阻焊机在装配好出厂前要通过规定项目的试验，包括空载试验和短路试验以确定阻焊变压器及整台焊机的性能是否符合出厂标准。空载试验和短路试验要求有专门的试验设备才能进行。在焊机的使用现场，可使用电阻焊电流测量仪对次级短路电流（电极直接接触）或焊接电流（电极间有工件置入）及通电时间进行检测。电阻焊电流测量仪是一种专用仪表，通过套在次级回路中的感应线圈（传感器）获取通电瞬间的电磁感应讯号，然后经过转换，以数字形式显示出电流值及时间值。

2．次级回路直流电阻值的检测

对特定的一台焊机来说，次级回路尺寸是固定的，因此感抗是不变的。只有电阻值会因接触表面氧化膜的增厚、紧固螺栓的松动等而增大。次级回路电阻的增大将使焊机次级短路电流值（或焊接电流值）减小，降低了焊机的焊接能力。所以，在长期使用后应对次级回路进行清理和检测。

次级回路直流电阻值的检测方法可采用微欧姆计进行直接测量，也可对次级回路外接直流电源，通过测定电流及电压降的方法换算成电阻值。

3．测定压力

对于一般气动焊来说，压力是由气缸产生。因此接入气缸的压缩空气的压强与气缸压力是成比例的，可建立电极压力与压缩空气压强的关系曲线，定期检测电极压力，并与之对照。

电极压力的检测方法有以下几种：

①采用U形弹簧钢制成的测压计，根据已知变形量与压力的关系曲线。从百分表读数可得知压力值。

③使用电阻应变片及相应的仪表组成的测压计直接测定。

④用专用的机械式测压计测定。

九、电阻焊安全技术

电阻焊的安全技术主要有预防触电、压伤（撞伤）、灼伤和空气污染等。除了在技术措施方面作必要的安全考虑外，操作人员亦需了解安全常识，应事先对其进行必要的安全教育。

（一）防触电

电阻焊机二次电压甚低，不会产生触电危险。但一次电压为高压，尤其是采用电容放电方法，电压可高于千伏。晶闸管一般均带水冷，水柱带电，故焊机必须可靠接地。通常次级回路之一极均与机身相连而接地。但有些多点焊机因工艺需要而二极不与机身相连，则应将一极串联1kΩ电阻后再接到机身。因为二次浮起后将与一次之间绝缘电阻造成分压而与地约有180V左右的电位。在检修控制箱中的高压部分必须切断电源。电容类焊机如采用高压电容，则应加装门开关，在开门后自动切断电源。

（二）防压伤（撞伤）

电阻焊机须固定一人操作，防止多人因配合不当而产生压伤事故。脚踏开关必须双手同时各按一钮才夹紧，以杜绝夹手事件。多点焊机则在其周围设置栅栏，操作人员在上料后必须退出，离设备一定距离或关上门才能起动焊机，确保运动部件不致撞伤人员。

（三）防灼伤

电阻焊工作时常有喷溅产生，尤其是闪光对焊时，火花如礼花持续数秒至十多秒。因此操作人员应穿防护服、戴防护镜，防止灼伤。在闪光产生区周围宜用黄铜防护罩罩住，以减少火花外溅。闪光时火花可飞高9～10m，故周围及上方均应无易燃物。作者曾多次遇到吊车上的棉纱团因遇到火花溅入而引起火警。

（四）防污染

电阻焊焊接镀层板时，产生有毒的锌、铅烟尘，闪光对焊时有大量金属蒸气产生，修磨电极时有金属尘，其中镉铜和铍钴铜电极中的镉与铍均有很大毒性，因此必须采用一定的通风措施。

3. 逆变焊机与一般焊机比较有哪些特点?
4. 手工电弧焊应注意哪些安全操作?
5. 氩弧焊应注意哪些安全操作?
6. 使用 CO_2 气体保护焊应注意哪些问题?
7. 等离子弧焊应注意哪些安全操作?
8. 发生间接电击事故的原因有哪些?

第六章

钎　焊

第一节　钎焊原理及适用范围

一、钎焊原理

钎焊与熔焊不同，它是采用液相温度比母材固相温度低的金属材料做钎料，将零件和钎料加热到钎料熔化，利用液态钎料润湿母材、填充接头间隙并与母材相互溶解和扩散，随后，液态钎料结晶凝固，从而实现连接。

（一）钎料的润湿与铺展

钎焊时，只有熔化的液体钎料很好地润湿母材表面才能填满钎缝。衡量钎料对母材润湿能力的大小，可用钎料（液相）与母材（固相）相接触时的接触夹角大小来表示。影响钎料润湿母材的主要因素有：

1．钎料和母材的成分

若钎料与母材在固态和液态下均不发生物理化学作用，则它们之间的润湿作用就很差，如铅与铁。若钎料与母材能相互溶解或形成化合物，则认为钎料能较好地润湿母材，例如银对铜。

2．钎焊温度

钎焊加热温度的升高，由于钎料表面张力下降等原因会改善钎料对母材的润湿性，但钎焊温度不能过高，否则会造成钎料流失，晶粒长大等缺陷。

3．母材表面氧化物

如果母材金属表面存在氧化物，液态钎料往往会凝聚成球状，不与母材发生润湿，所以，钎焊前必须充分清除氧化物，才能保证良好的润湿作用。

4．母材表面粗糙度

当钎料与母材之间作用较弱时，母材表面粗糙的沟槽起到了特殊的毛细作用，可以改善钎料在母材上的润湿与铺展。

5．钎剂

钎焊时使用钎剂可以清除钎料和母材表面的氧化物，改善润湿作用。

（二）钎料的毛细流动

钎焊时，液体钎料要沿着间隙去填满钎缝，由于间隙很少，如同毛细管，所以称之为液态钎料在毛细填隙过程中与母材发生相互物理化学作用，这些相互作用对钎焊接头的性能影响很大，它们可以分为两种：

1．母材向钎料的溶解

钎焊时一般都发生母材向液体钎产生的溶解过程，可使钎料成分合金化，有利于提高焊接强度。但母材的过度溶解会使液体钎料的熔点和黏度升高，流动性变差，往往导致不能填满钎缝间隙，同时可能使母材表面因过分溶解而出现凹陷等缺陷。

2．钎料组分向母材扩散

钎焊时，也出现钎料组分向母材的扩散，扩散以两种方式进行：一种是钎料组分向整个母材晶粒内部扩散，在母材毗邻钎缝处的一边形成固溶体层，对接头不会产生不良影响。另一种是钎料组分扩散到母材的晶粒边界，常常使晶界发脆，尤其是在薄件钎焊时比较明显。

二、钎焊的特点

①钎焊工艺的加热温度比较低，因此钎焊以后焊件的变形小，容易保证焊件的尺寸精度。同时，对于焊件母材的组织及性能的影响也比较小。

②钎焊工艺可适用于各种金属材料、异种金属、金属与非金属的连接。

③可以一次完成多个零件或多条钎缝的钎焊，生产率较高。

④可以钎焊极薄或极细的零件，以及粗细、厚薄相差很大的零件。

⑤钎焊接头的耐热能力比较差、接头强度比较低、钎焊时表面清理及焊件装配质量的要求比较高。

三、各种钎焊方法的特点及应用

工业生产中常用钎焊方法的特点及应用范围见表 6-1 所示。

表 6-1　各种钎焊方法的优缺点及适用范围

钎焊方法	主要特点		用途
烙铁钎焊	设备简单、灵活性好，适用于微细钎焊	需使用钎剂	只能用于软钎焊，钎焊小件
火焰钎焊	设备简单，灵活性好	控制温度困难，操作技术要求较高	钎焊小件
金属浴钎焊	加热快，能精确控制温度	钎料消耗大，焊后处理复杂	用于软钎焊及其批量生产
盐浴钎焊	加热快，能精确控制温度	设备费用高，焊后需仔细清理	用于批量生产，不能钎焊密闭工件
气相钎焊	能精确控制温度，加热均匀，钎焊质量高	成本高	只用于软钎焊及其批量生产
波峰钎焊	生产率高	钎料损耗较大	

感应钎焊	加热快，钎焊质量好	温度不能精确控制，工件形状受限制	批量钎焊小件
保护气体炉中钎焊	能精确控制温度，加热均匀，变形小，一般不用钎剂，钎焊质量高	设备费用较高，加热慢，钎产和工件不宜含大量易挥发元素	大小件的批量生产，多钎缝工作的钎焊
真空炉中钎焊	能精确控制温度加热均匀，变形小，能钎焊难焊的高温合金，不用钎剂，钎焊质量好	设备费用高，钎料和工件不宜含较多的易挥发元素	重要工件

第二节　钎焊方法

一、火焰钎焊

火焰钎焊是使用可燃气体与氧气（或压缩空气）混合燃烧的火焰进行加热的钎焊，其所用的设备简单、操作方便。但是这种方法的生产率低、操作技术要求高，适于碳素钢、铸铁以及铜及其合金等材料的钎焊。

火焰钎焊所用的可燃气体有：乙炔、丙烷、石油气、雾化汽油、煤气等。助燃气体有：氧气、压缩空气。不同的混合气体所产生的火焰温度也不同，例如：氧乙炔火焰温度为 3 150℃；氧石油气火焰温度为 2 400℃；氧汽油蒸气火焰温度为 2 550℃。氧乙炔焰是常用的火焰。

二、电阻钎焊

电阻钎焊是将焊件直接通以电流或将焊件放在通电的加热板上利用电阻热进行钎焊的方法。电阻钎焊分为直接加热及间接加热两种方式。

直接加热电阻钎焊，是电流通过钎焊部位直接加热，加热电流为 6 000～15 000A，压力为 100～2 000N。电极材料为铜、铬铜、铜钨烧结合金等。

间接加热电阻钎焊，电流只通过一个焊件，而另一个焊件的加热及钎料的熔化是由通电加热焊件的热传导来实现的。间接加热电阻钎焊的电流为 100～3 000A。电极压力为 50～500N。由于这种方式加热比较慢，适宜于热物理性能差别大、厚度差别较大焊件的钎焊。

电阻钎焊的钎料常以片状放在接头内，也可以膏状涂于接头处。常用钎料为铜基、银基钎料。所使用的设备为电阻焊机或专用的电阻钎焊设备。

三、感应钎焊

感应钎焊是利用高频、中频或工频交流由感应加热所进行的钎焊。感应钎焊设备主要由感应电流发生器和感应圈组成。中频及高频发生器的型号及规格见表 6-2 所示。感应钎件等。

表 6-2　中频和高频发生器的型号和规格

型号	输出功率/kW	工作频率/kHz
DGF-C108-2	100	8.0
GP60-C3	50	80～110
CYP100-C2	85	30～40
GP8-CR10	8	300～500
GP30-CR11	30	200～300
GP60-CR11	60	200～300

四、浸渍钎焊

浸渍钎焊是将工件局部或整体浸入熔态的高温介质中加热进行钎焊。其特点是加热迅速、生产率高、液态介质保护零件不受氧化，有时还能同时完成淬火等热处理工节。这种钎焊方法特别适用于大量生产。浸渍钎焊的缺点是耗电多、熔盐蒸气污染严重、劳动条件差。浸渍钎焊有以下几种形式：

①盐浴钎焊主要用于硬钎焊。盐液应当具有合适的熔化温度，成分和性能应当稳定，对焊件能起到防止氧化的保护作用。盐浴钎焊的主要设备是盐浴槽。放入盐浴前，为了去除焊件及焊剂的水分，以防盐液飞溅，应将焊件预热到 120～150℃。如果为了减小焊件浸入时盐浴温度的降低，缩短钎焊时间，预热温度可适当增高。

②金属浴钎焊主要用于软钎焊。它是将装配好的焊件浸入熔态钎料中，依靠熔态钎料的热量使焊件加热，同时钎料渗入接头间隙完成钎焊。这种方法的优点是装配容易、生产率高，适用于钎缝多而复杂的焊件。缺点是焊件沾满钎料，增加了钎料消耗量，产品钎焊后的清理增加了工作量。

③波峰钎焊是金属浴钎焊的一个特例，主要用于印刷电路板的钎焊。依靠泵的作用使熔化的钎料向上涌动，印刷电路板随传送带向前移动时与钎料波峰接触，进行了元器件引线与铜箔电路的钎焊连接。由于波峰上没有氧化膜，钎料与电路板保持良好的接触，并且生产率高。

五、炉中钎焊

炉中钎焊是将装配好的产品焊件放在炉中加热并进行钎焊的方法。其特点是焊件整体加热、焊件变形小、加热速度慢。但是一个炉可同时钎焊多个焊件，适于批量生产。

①空气炉中钎焊使用一般的工业电阻保护将焊件加热到钎焊温度，依靠钎剂去除氧

焊件表面的氧化物，有助于钎料润湿母材。表 6-3 列出了钎焊用还原性气体。进行了还原性气体保护钎焊时，应注意安全操作。为防止氢与空气混合引起爆炸，钎焊炉在加热前应先通入 10～15 min 还原性气体，以充分排出炉内的空气。炉中排出的气体应点火燃烧掉，以消除在炉旁聚集产生危险，钎焊结束后，待炉温降至 150℃以下再停止供气。

表 6-3　钎焊用还原性气体

<table>
<tr><th rowspan="2">气体</th><th colspan="4">主要成分（体积分数）/%</th><th rowspan="2">露点/℃</th><th colspan="2">用　途</th><th rowspan="2">备注</th></tr>
<tr><th>H_2</th><th>CO</th><th>N_2</th><th>CO_2</th><th>钎料</th><th>母材</th></tr>
<tr><td>放热气体</td><td>14～15</td><td>9～10</td><td>70～71</td><td>5～6</td><td>室温</td><td rowspan="4">铜、铜磷、黄铜、银基</td><td>无氧铜、碳素钢、镍、蒙乃尔</td><td>脱碳性</td></tr>
<tr><td>放热气体</td><td>15～16</td><td>10～11</td><td>73～75</td><td>—</td><td>−40</td><td rowspan="2">无氧铜、碳素钢、镍、蒙乃尔、高碳钢、镍基合金</td><td rowspan="2">渗碳性</td></tr>
<tr><td>吸热气体</td><td>38～40</td><td>17～19</td><td>41～45</td><td>—</td><td>−40</td></tr>
<tr><td>氢气</td><td>97～100</td><td>—</td><td>—</td><td>—</td><td>室温</td><td rowspan="3">无氧钢、碳素钢、镍、蒙乃尔、高碳钢、不锈钢、镍基合金</td><td rowspan="3">脱碳性</td></tr>
<tr><td>干燥氢气</td><td>100</td><td>—</td><td>—</td><td>—</td><td>−60</td><td rowspan="2">铜、铜磷、黄铜、银基、镍基</td></tr>
<tr><td>分解氨</td><td>75</td><td>—</td><td>25</td><td>—</td><td>−54</td></tr>
</table>

惰性气体炉中钎焊通常采用氩气。氩气只起保护作用，其纯度高于 99.9%。

③真空炉中钎焊焊件周围真空度很高，可以防止氧、氢、氮对母材的作用，高真空的条件可以获得优良的钎焊质量。一般情况下钎焊温度时的真空度应不低于 13.3×10^{-3}Pa。钎焊后冷却到 150℃以下方可出炉，以免焊件氧化。真空钎焊设备包括真空系统及钎焊炉。

第三节　钎焊操作中的安全与防护

一、浸沾钎焊操作安全与防护

浸沾钎焊分为盐浴钎焊和金属浴钎焊两种。它们是将钎焊件局部或整体浸入熔融的盐液或熔态钎料中进行加热和钎焊的方法。浸沾钎焊的优点是加热速度快，生产率高，液态介质保护焊件不氧化。特别适用于大规模连续性生产。缺点是能源消耗量大，钎焊过程中从熔盐中挥发出大量有害气体，严重污染环境。因此，浸沾钎焊操作过程中必须采取严格的防护措施，以保证操作人员的人身安全。

盐浴钎焊时所用的盐类，多含有氯化物、氟化物和氰化物，它们在钎焊加热过程中会挥发出有毒气体。另外在钎料中又含有挥发性金属，如锌、镉、铅、铍等，这些金属蒸气对人体十分有害，如铍蒸气甚至有剧毒。在软钎焊时，钎剂中所含的有机溶液蒸发出来的气体对人体也十分有害。因此，对上述这些有害气体和金属蒸气，必须采取有效通风措施进行排除。

感应钎焊是将钎焊件放在感应线圈所产生的交变磁场中，依靠感应电流加热焊件。

生产实践表明，感应钎焊时电流频率使用范围较宽，一般可在 10～460 kHz 选用。目前商售高频电源包括可控硅整流高频电源和真空管式高频电源都可用于感应钎焊。

高频感应加热电源在工作过程中高频电磁场泄漏严重，对其周围环境构成严重电磁波污染，主要表面为无线电波干扰和对人员身体健康的危害两个方面，同时污染的强度又和高频电源的功率成正比，所以在进行感应钎焊时，必须对高频电磁场泄漏采取严格的防护措施，以降低对环境和人体的污染，使其达到无害的程度。

高频电磁场对人体的危害主要是引起中枢神经系统的机能障碍和交感神经紧张为主的植物神经失调。主要症状是头昏、头痛、全身无力、疲劳、失眠、健忘、易激动，工作效能低，还有多汗、脱发、消瘦等症状发生。但是造成上述机能的障碍，不属于器质性的改变，只要脱离工作现场一段时间，人体即可恢复正常，采取一定防护措施是完全可以避免高频电磁场对人体的危害。

生产实践经验表明，对高频加热电源最有效的防护是对其泄漏出来的电磁场进行有效的屏蔽。通常是采用整体屏蔽，即将高频设备和馈线、感应线圈等放置在屏蔽室内，操作人员在屏蔽室外进行操作。

屏蔽室的墙壁一般用铝板、铜板或钢板制成，板厚一般为 1.2～1.5 mm。对需用观察的部位可装活动门或开窗口，一般用 40 目（孔径 0.450 mm）的铜丝屏蔽活动门或窗口。

对于功率较大的高频设备还可用复合屏蔽的方法增强防护效果。通常是在屏蔽室内将高频变压器和馈线等高频泄漏源先用金属板或双层金属网进行屏蔽，为了解决高场强的近区装置的发热问题，屏蔽罩需留有适当的缝隙，以切断感生电流，这当然对高频防护是不利的。

此外，为了高频加热设备工作安全，要求安装专用地线，接地电阻要小于 4Ω。而在设备周围，特别是工人操作位置要辅耐压 35 kV 绝缘胶板。

设备启动操作前，仔细检查冷却水系统，只有当水冷系统工作正常时，才允许通电预热振荡管。

设备检修一般不允许带电操作，如实在需要带电检修，操作者必须穿绝缘鞋，戴绝缘手套，必须另有专人监护。停电检修时，必须切断总电源开关，并用放电棒将各个电容器组放电后，才允许进行检修工作。

三、炉中钎焊操作安全与防护

炉中钎焊包括气体保护中钎焊和真空炉中钎焊两种。常用的保护气体为氢、氩和氮气。氩、氮气体不燃烧，使用时比较安全。氢为易燃易爆气体，使用时要严加注意。防止氢气爆炸的主要措施有加强通风，除氢炉操作间整体通风外，设备上方要安装局部排风设施，安装防爆装置，氢炉旁边应常备氮气瓶，当 H_2 突然中断供气时应立即通氮气保护炉腔和焊件。

此外，H_2 炉操作间内禁止使用明火，电源开关最好用防爆开关，氢炉接地要良好等。真空炉使用安全可靠，操作时要求炉内保持清洁，真空炉不工作时也要抽真空保护，不得泄漏大气。

钎焊完毕时，炉内温度降到 400℃以下，才可关闭扩散泵电源，待扩散泵冷却低于 70℃时才可关闭机械泵电源，保证钎焊件和炉腔内部不被氧化。

禁止在真空炉中钎焊含有 Zn、Mg、P、Cd 等易蒸发元素的金属或合金，以保持炉内清洁不受污染。

四、火焰钎焊操作安全与防护

参见气焊与气割的相关内容。

五、通风和对毒物的防护

在基本金属和钎料中，有时含有某些在加热时容易挥发的有毒物质，如 Cd、Be、Zn、Pb 等，钎剂中含有氟化物、氯化物和硼化物等。所以在钎焊操作过程中，必须采取妥善的防护措施，以免污染钎焊环境，损害操作者的健康。钎焊前清洗零件时，使用清洗剂如酸类、碱类、氯化烃等有机溶剂，也必须严格采取防护措施，保证环境不受有毒物的污染。

通常采用的有效防护措施是室内通风。它可将钎焊过程中所产生的有毒烟尘和毒性物质挥发气体排出室外，有效地保证操作者的健康和安全。

通常生产车间通风换气的方式有两种：自然通风和机械通风。在工业生产厂房中，要求采用机械通风排除有害物质，机械通风又可分为全面排风和局部排风两种。

当钎焊过程中产生大量有毒害物质，难以用局部排风排出室外时，可采用全面排风的办法加以排除，一般情况下，在车间两侧安装较长的均匀排风管道，用风机作动力，全面排除室内的含有毒物的空气，或者在屋顶上分散安装带有风帽的轴流式风机进行全面排风。但是全面排风效率较低，不经济，实用中应尽量采用局部排风。局部排风是排风系统中经济有效的排风方法。通常在有毒物的发生源处装排风罩，将钎焊时产生的有毒物加以控制和排除，不使其任意扩散，因而排风效率最高。因此，凡是在生产中产生有毒物的设备或工艺过程均尽量就地设计安装局部排风罩，并应连成系统加以排除。排风罩应根据工艺生产设备的具体情况、结构及其使用条件，并考虑产生有毒物的特性进行设计。几个相同类型的排风罩可连成一个系统，以通风为动力进行排除。当遇到各种排风罩所排除的有害气体不同时，则要考虑各有害气体混合后不致发生爆炸或燃烧，或生成毒性更大的物质时方可合并排除，否则应分别设置排风系统。此外，对具有腐蚀性气体和剧毒气体的排除，应单独设置排风系统，排入大气之前要进行预处理，达到国家规定有害物排放标准后方可排放。

当钎焊金属和钎料中含量有毒性金属成分时，要严格采取防护措施，以免操作者发生达到规定标准才可排出室外。

Cd 通常是为了改善钎焊工艺性在钎料中加入的元素，加热时易挥发，可从呼吸道和消化道吸入人体，积蓄在肾、肝内，多经胆汁随粪便排出，短期吸入大量 Cd 烟尘或蒸气会引起急性中毒，长期低浓度接触 Cd 烟尘蒸气，会引起肺气肿，肾损伤、嗅觉障碍症和骨质软化症等。

Pb 是软钎料中的主要成分，加热至 400～500℃时即可产生大量 Pb 蒸气，在空气中迅速生成氧化铅，Pb 及其化合物有相似的毒性，钎焊时主要是以烟尘蒸气形式经呼吸道进入人体，也可通过皮肤伤口吸收。

Pb 蒸气中毒通常为慢性中毒，主要表现为神经衰弱综合征，消化系统疾病、贫血、神经炎，肾肝等脏器损伤等。我国现行规定车间中最高容许浓度，铅烟为 0.03 mg/m^3，铅尘为 0.05 mg/m^3。

Zn 及其化合物 $ZnCl_2$ 在钎焊时，Zn 和 $ZnCl_2$ 会挥发生成锌烟，人体吸入可引起金属烟雾热（metal fume fever），症状为战栗、发烧、全身出汗、恶心头痛、四肢虚弱等。接触 $ZnCl_2$ 烟雾会引发肺损伤，接触 $ZnCl_2$ 溶液会引起皮肤溃疡。因此，防止锌烟雾接触人体，必须应用个人防护设备和良好的通风环境，当皮肤触到 $ZnCl_2$ 溶液时要用大量清水冲洗接触部位。

在使用含有氟化物的钎剂时，必须有通风的条件下进行钎焊，或者使用个人防护装备。当用含氟化物钎剂进行浸沾钎焊时，排风系统必须保证环境浓度在规定范围内，现行国家规定最大容许浓度 1 mg/m^3。

氟化物对人体的危害主要表现为骨骼疼痛、骨质疏松或变形，重者会发生自发性骨折。对皮肤的损伤是发痒、疼痛和湿疹等。

在钎焊前清洗金属零件时，采用清洗剂，其中包括有机溶剂、酸类和碱类等化学物品，在清洗过程中会挥发出有毒的蒸气，要求通风良好，达到国家规定要求。

习 题

1. 什么是钎焊？
2. 钎焊有哪些特点？
3. 钎焊的方法有哪些？

第七章

特殊焊割作业安全技术

从事含有各种易燃易爆等化工品及有毒介质的容器和管道的焊割，容器内、高处及水下等焊割，统称为特殊焊割作业。进行特殊焊割作业，除具备常规安全措施和遵守安全技术要求外，还需具备特殊的安全措施及遵守特殊焊割作业的有关规定。

第一节　化工、燃料容器及管道的焊补

化工、燃料容器及管道种类繁多，结构复杂，介质各异。又由于其工作压力、温度不同，化学和电化学腐蚀作用多样及焊接缺陷（如延迟裂纹、未焊透等），在运行一定时间后，其容器和管道往往会出现裂纹和穿孔。因此，对容器、管道等必须按国家有关规程要求，定期检查和维修。在维修过程中，常采用置换焊补法进行补焊。对于生产过程中出现的裂纹和穿孔等，往往由于满足某些生产工艺高度的连续性的要求，必须紧急抢修，此时多采用带压不置换焊补法进行补焊。由于这类焊接操作往往是任务急，时间紧，有时还会处于易燃易爆易中毒及高温等危险状态中作业，稍有疏忽就极易发生爆炸、火灾和中毒事故，甚至还会引起一系列的连锁反应，造成更严重的后果。所以在进行焊补化工及燃料容器、管道时，必须采取切实可靠的防爆、防火和防中毒等安全技术措施。

一、置换焊补和带压不置换焊补

对于化工及燃料容器、管道的焊补，目前主要有置换焊补法和带压不置换焊补法两种方法。

置换焊补法是指在焊补前用惰性介质将容器与管道内原有的易燃、易爆及有毒物质置换排出，使可燃物或爆炸物的浓度降到燃烧及爆炸极限以下，然后进行焊补作业。由于置换焊补法具有安全妥善的优点，所以在设备、管道的检修作业中一直被广泛采用。但停产检修使用介质置换后，还应清洗、取样分析。此外，如果系统及管道的弯头、死角和交叉处，往往不易置换干净而留下残余可燃物和爆炸物，也可能造成爆炸事故。例如某化工厂的深冷提氢装置管道漏气需焊补，虽采取了置换的安全措施，但在焊补过程中，停留在保温材料中的氢气在高温作用下陆续逸出集聚引起爆炸，使整个制氢装置爆塌。

带压不置换焊补法就是采用严格控制焊补容器内的含氧量，使可燃气体浓度大大超过其爆炸极限的上限，从而使其不能形成爆炸性混合物然后进行焊补作业的方法。同时，使被焊补容器内保持一定的正压，使可燃气体以稳定的流速从容器裂纹外逸出扩散，与周围空气形成一个稳定的燃烧系统而进行焊补，带压不置换焊补法，不需要置换和清洗容器，有时可以

焊割作业中，发生爆炸与火灾的原因很多，主要有：

①在容器与管道内或工作场所周围存在爆炸性混合物；

②在焊补过程中，周围条件发生变化；

③正在检修，容器管道未与生产系统隔绝，致使易燃气体或液体燃料的蒸气互相串通进入动火区段，或者是一面动火一面生产互不联系，致使放料排气时遇到火花；

④在具有燃烧和爆炸危险的车间、仓库等室内进行焊补；

⑤焊补未经安全处理或未开孔洞的密封容器。

三、置换焊补的安全措施

为确保安全，置换焊补必须采取下列安全措施，才能有效防止火灾、爆炸和中毒事故。

（一）安全隔离

焊补处应与整个生产系统的前后环节彻底隔离。对于管道应拆除一节并用足够强度、密封严密的盲板封死管口。如条件许可，可将需焊补的设备移到安全的焊割区域进行焊补。这个区域应符合下列防火、防爆技术要求：

①作业区内无可燃物管道和设备，作业区距离这些设备和管道应大于10m。

②室内作业区要与可燃物生产现场隔离开，不能有门窗、地沟串通。

③正在生产的设备，由于正常放空或一旦发生事故时，可燃物或蒸气不能扩散到安全作业区。

④备有足够数量的灭火工具和设备。

⑤禁止使用各种易燃物质（如清洗油、汽油等）。

⑥作业区周围要划出警戒线，悬挂防火安全标志。

（二）严格按规定进行置换作业

置换焊补防爆的关键是严格控制容器内部的可燃物含量，使其达到合格，才能保证安全。这个含量，不得超过该可燃物爆炸下限的1/3或1/4。当操作者在设备管道内部焊补时，尚需保证容器内的含氧量为19.21%，毒物含量应符合《工业设计卫生标准》的规定。为了控制可燃或有毒物质含量，一般先采用蒸气蒸煮，然后再用氮气、二氧化碳、水蒸气或水等将设备或管道内的可燃物或有毒物清洗、吹扫干净。

置换时应考虑到置换介质与被置换介质之间的比重关系，当置换介质比重大时，应从容器最低部进气，从最高点向外排放。由于被置换的可燃气体与置换介质互相混合和滞留，不以超过容器容积的倍数来决定置换是否达到要求，而应从容器内取样分析。取样部位要有代表性，应以焊补前半小时取得的样品分析为准，并且在焊补过程中还要不断取样分析。有时还用加热后的置换介质才能把以前存在容器内部的可燃物赶出来。若以水作置换介质一起弧，油桶就发生爆炸，端盖飞出将焊工左腿炸断致残，爆炸波震坏窗户玻璃 20 多块。

（三）彻底清洗容器

经过置换后，容器内表面的积垢和外表面的保温材料可能仍残存、吸附着可燃气体。在焊补时，受热挥发后，会散发出来，因此需对容器的内外壁进行彻底清洗。

油类设备及管道的清洗可用火碱（氢氧化钠），每千克水中加入 80～120 g 火碱洗几遍或通入水蒸气煮沸后再用清水洗涤。采用火碱清洗时，应先在容器中加入所需量的清水，然后以定量的火碱分批逐渐加入，同时应缓慢搅动，待全部火碱溶解后，方可使用水蒸气煮沸。必须注意通过水蒸气后会有碱液泡沫溅出。操作时，不得先将火碱预放在设备或管道内，然后再加入清水，尤其是温水或热水。因为碱片溶解时，会产生大量的热，使碱水涌出设备或管道外造成伤害事故。对有些油类容器，如汽油桶，可以直接用蒸气流吹洗、溶积 2 000 L 以内的汽油容器的吹洗时间不应少于 2 小时。没有蒸气源时，对容量小的汽油桶可以用水煮沸的方法清洗、即注入其容量 80%～90%的水，然后再煮开 3 小时。

酸性容器壁上的污物和残酸要用木质、黄铜（含铜低于 70%）、铝质刀或刷、钩等简单工具，用手工刮除。

盛装其他介质的容器、管道的清洗，可以根据积垢的性质采取酸性或碱性溶液清洗。例如，清洗铁锈时，用浓度为 8%～15%的硫酸溶液比较适宜，使铁锈转变为硫酸亚铁。

为了提高清洁工作的效率和减轻劳动强度，可以采用水力机械、风动或电动机械或喷砂等清洗除垢法。

国内可采用“隋性气体防护维修法”，将含氮气的泡沫吹入已放空的容器内，使容器内侧表面覆盖一层厚厚氮泡沫。这样，容器不必完全清洗干净便可进行容器外焊补，也能保证安全，从而大大节约了时间。这种方法已用于化工设备、储罐甚至大型油船的焊补。

（四）空气分析和监视

虽然在焊补前对容器内外空气取样分析过，但在焊补过程中，还要用仪表监视容器内外的气体成分。因在焊补过程中，易爆易燃气体和有毒物有可能从容器的夹缝或底脚的泥和保温材料中逸出。一旦这些气体和含氧量超过规定值时应立刻停止焊补，待处理后方可进行焊补。有时虽没有超过规定值，但变化较大时，也应寻找原因加以排除。

（五）严禁焊补未开孔洞的密封容器

焊补时应打开设备、管道的放散管、入孔及清扫孔等，严禁在未开孔洞的密封容器上焊补。

进入容器内采用气焊时，点火和熄火应该在容器外部进行，以防止过多的乙炔气聚集在容器内。

②严格履行动火审批制度，填报动火申请书，经有关领导和部门批准；

③明确各有关人员的职责；

④安全措施和应急措施应做到细致、周到、必要时应与救护、消防部门联系并落实应急抢救人员；

⑤检查工作场所是否符合动火制度的要求，在工作场所周围 10m 以内应停止其他动火作业，易燃易爆物品应移到安全场所；

⑥工作场所必须准备好消防器材，具有足够的照明，手提行灯要戴保护罩，并采用 12V 安全电源。

四、带压不置换焊补

由于带压不置换焊补法是在不停产的情况下进行，作业条件易发生变化，故危险因素较多。稍有不注意，不仅检修任务完不成，而且会造成不可估计的重大事故。因此在进行带压不置换焊补作业时，须采取下列安全措施：

（一）严格控制含氧量

容器内可燃气体含氧量控制在 1%以下。目前规定可燃易爆气体中含氧量不得超过 1%，作为安全标准。它具有一定的安全系数。例如，在常温带压下氢的爆炸下限是 4.0%，上限是 75%。在 75%时，空气占 25%，氧的含量则为 5.2%，也就是当氧在氢气中含量达到 5.2%时，遇明火才会爆炸，但考虑到压力、温度及仪表和检测的误差，所以一般规定可燃易爆气体中含氧量不得超过 1%。带压不置换焊补之前，必须进行容器内气体成分的分析，焊补过程中，也应加强气体成分的分析（可安置氧气自动分析仪），当发现系统中氧含量增高时应找出原因及时排除。含氧量超过安全值时应立即停止焊接。

（二）正压操作

保持容器内 0.0015～0.005MPa（150～500mm 汞柱）的正压。

焊补前和焊补过程中，容器内必须连续保证稳定的正压。一旦出现负压，空气进入正在焊补的容器中，必然引起爆炸。

正压大小要控制在 0.0015～0.005MPa 之间，太大会猛烈喷火，给焊接操作带来困难，甚至使熔孔扩大喷出更大的火焰，造成事故。压力太小会使空气渗入容器内，含氧量超标，形成爆炸性混合物，必然引起爆炸。

（三）严格控制工作点周围可燃气体的含量

严格控制工作场所周围可燃物质含量在爆炸下限的 1/3 或 1/4 以下。

无论是在室内还是在室外进行带压不置换焊补时，工作场所周围空间滞留的可燃物质含量必须小于该可燃物爆炸下限的 1/3 或 1/4。根据气体的性质比重、挥发性等和厂房结构

（四）焊补作业时应注意的问题

①焊补前应根据裂纹或穿孔的位置、大小、形状、壁厚、材质及采用的焊接设备、方法和焊接工艺参数选定好焊接方案；

②焊接电流应预先试好。既要防止电流过小焊接不良造成缺陷，又要防止电流过大产生更大的熔爆孔造成事故；

③焊工应避开缺陷部位的正面，以防喷射火焰造成烧伤；

④作业条件一旦发生变化（如正压急剧增大或急剧减少）、含氧量监测超过安全值，周围环境监测可燃物浓度上升等；应立即停止作业并熄灭火焰，待查明原因采取相应措施后，再进行焊补；

⑤作业时，如发生猛烈喷火，应立即采取灭火措施。火焰熄灭前，不得切断电源，以维持稳定的正压，防止容器内引入空气形成爆炸性混合物而起引爆炸；

⑥安全组织措施。除了采用置换焊补法的安全组织措施外还要注意以下几点：

一是防护器材的准备。现场要准备必要的灭火器材，最好是二氧化碳灭火器。若在可燃气体未点燃前，有大量超过允许浓度的有毒气体逸出，施工人员应戴上防毒面具，以防中毒；

二是必须做好严密的组织工作。要有专人进行严肃认真的统一指挥。有关领导、值班调度、安全部门、技术部门的有关人员应在现场。特别是在控制系统氧含量的岗位上要有专人负责；

三是要选择有较高技术水平的焊工施焊。还要经过专门培训，否则不得从事带压焊补作业。

第二节　容器内焊割作业

通常把焊工在各种承压或非承压容器、锅炉的锅筒及大型管道内进行焊割作业称为容器内焊割作业。从事容器内焊割作业，除应采取置换焊补的各种安全技术措施外，还应采取以下安全措施：

①各种转动设备、加热设备等，与容器有关的电源均应切断，并挂上“不准合闸”或“不准启动”等警示牌；

②对可能转动的设备，需采用防转动的措施；

③容器的手孔、人孔均应打开进行通风并化验容器内空气，保证含氧量为19%～21%。不得将氧气作通风用。因容器内往往存在污垢和其他可燃物，若通入一定量氧气，在焊接时会发生燃烧爆炸。如某厂焊接一台储能器的内缝，因无通风设备，就打开氧乙炔割枪的射流氧气开关进行通风，刚一焊接就发生燃烧爆炸事故。有毒物含量应符合《工业设计卫生标准》的规定；

④容器内作业使用12V的照明灯具，且灯泡应装有防护罩；

⑤气焊割炬进入容器前，应首先检查乙炔及氧胶管接头是否漏气，如有漏气必须修好。

⑧焊割开必须设监护人，以防意外。

第三节　高处焊割作业

焊工在坠落高度基准面 2m 以上（含 2m）的高处进行焊割作业称为高处焊割作业。高处焊割作业除必须遵照一般焊割作业的安全规程外，还需对焊工的身体素质、作业环境、装备等情况，采取如下特殊的安全技术：

①焊工必须定期检查身体。凡患有高血压、心脏病、癫痫病及其他不适宜登高作业者，禁止从事高处作业。酒后严禁登高作业。

②在禁止动火区域施焊，必须办理动火审批手续。

③高处焊割作业必须设监护人，焊机电源开关应设在监护人近旁，以便在焊工触电或有触电危险时迅速拉闸并采取急救措施。

④在有雨、雪、浓雾或六级以上强风时，应禁止登高施焊作业。

⑤焊割、作业点有高压线时，应保持安全距离。电压小于 35 kV，安全距离应大于 3 m；电压在 35kV 以上，安全距离应大于 5m；否则需停电作业，并在电闸处挂上“严禁合闸”的警示标志。

⑥为防止火花落下或飞散引起燃烧爆炸事故，在离作业点垂直的地面点，至少 10m 半径内不得放置易燃易爆物品。如果有可燃气体设备、管道，应用湿麻袋或石棉板等覆盖隔离。落下的熔热金属和火花飞溅颗粒，应随时用水熄灭。

⑦高处作业者必须配备符合安全要求的安全带，不能使用耐热性差的尼龙安全带。

安全带应高挂低用，不得低挂高用，并且要挂在结实牢固的构件上，不能拴在尖锐棱角的构件上。

⑧焊工使用的工具和材料应装在专用工具带内，以防坠落伤人，更不得将工具或焊条头抛向地面。

⑨严禁将导线、乙炔或氧气胶管缠绕在身上作业。

⑩使用行灯的电压不能超过 36V，在潮湿环境中行灯电压不能超过 12V。

⑪登高梯子承载能力应符合安全要求，放置要稳妥，防止滑动与倾倒。单梯与地面夹角以 70° 左右为宜，人字梯夹角为 45° 左右为宜，并用限跨钩挂牢。不准两人同在一个单梯上或人字梯同侧作业，严禁在梯子顶档作业。

⑫在脚手板下作业，脚手架的搭设应符合有关规定。脚手板宽度：单人道不得小于 0.6 m，双行人道不得小于 1.2m，上下坡度不得大于 1∶3，板面要钉防滑条和安装扶手，板材要经过检查，要有足够的强度，不能有机械损伤和腐蚀。还要按规定张挂安全网。

⑬如果从事立体交叉作业，上下层之间必须有隔离措施。否则不得上下层交叉作业。

⑭电焊工作物和金属工作台与大地相隔的时候，要采取保护接地。

水下焊割作业同时伴随着潜水作业。它是水下施工的重要工艺手段之一。但它具有双重致险因素。常见的事故有触电、爆炸、砸伤、烫伤、溺水、潜水病或窒息等伤害事故。

一、水下电弧焊接

水下焊接有干法、湿法和局部干法3种。现以湿法焊接作说明，湿法焊接是电弧在水下燃烧与埋弧焊相似，是在气泡中燃烧的。焊条燃烧时，焊条涂料形成套筒使气泡稳定存在，因而使电弧稳定，如图7-1所示。要使焊条在水下稳定燃烧，必须在焊条芯上涂上一层一定厚度的涂药，并用石蜡或其他防水物质浸渍，使焊条具有防水性能。气泡由氢氧、水蒸气和电焊条药皮燃烧产生的气体组成。

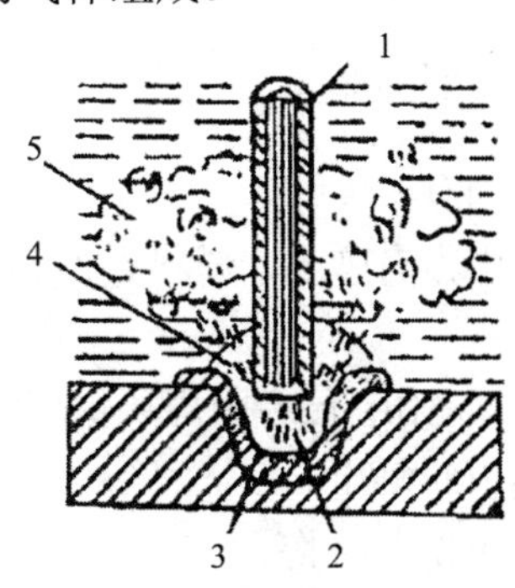

1—焊条；2—电弧；3—熔化金属；4—气泡；5—浑浊的烟雾

图7-1　水下的电弧燃烧

由于交流电不稳定，水下焊接一般采用直流电。其焊接电流应比在空气中焊接高10%～25%，以补偿水的冷却造成的热损耗。

二、水下切割

水下切割有水下电弧熔割、电弧与氧相结合的水下气割和火焰水下气割等方法。

水下电弧熔割，使用的是一般水下切割焊条，也像在空气中一样使金属熔化被切割。

电弧与氧气相结合的水下气割，使用的是特殊的管状焊条（由直径6～8mm或8～10mm的钢管制成）。其表面涂药，并使之与水隔离，用特殊的电极夹钳把0.15～0.5MPa的氧气通入管中。当电弧加热金属时，氧气像平常的气割一样使金属氧化。由于这种方法简单、经济效果好，在水下切割中应用广泛。

火焰水下气割的火焰是在气泡中燃烧的，如图7-2所示。为了将气体压送至水下，需保证一定的压力。因乙炔受压后极易分解为碳和氢，容易在割炬的气体混合室内爆炸，所以一般使用氧和氢混合的燃烧火焰。

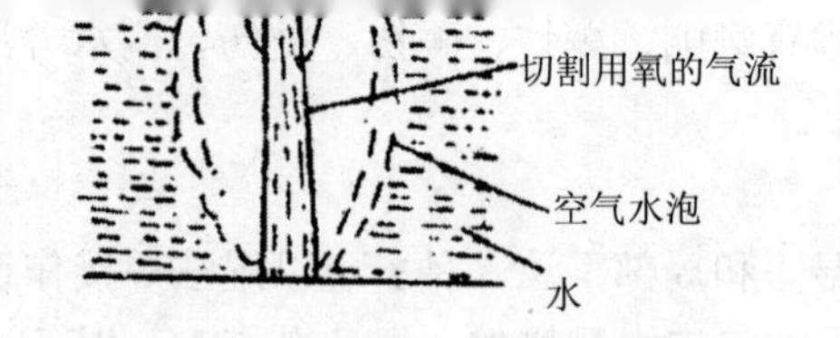

1—切割用氧气的嘴子；2—氢氧混合体的嘴子；3—罩子

图 7-2　水下切割用割炬端头

三、水下焊割作业伤害事故及原因

水下焊割作业伤害事故及原因有：

①沉在水下的船或其他构件中常有弹药、燃料容器和化学危险品，焊割中容易发生爆炸事故。

②回火或炽热金属熔滴烧伤、烫伤，还会因烧坏供气管、潜水服等潜水用具造成事故。

③由于绝缘损坏或操作不当引起触电。

④水下构件倒塌发生砸伤、压伤、挤伤。

⑤燃坏供气管、潜水服、触电及水面风等原因引起溺水等事故。

四、水下焊割安全措施

（一）准备工作

①查明被焊割构件的性质及结构特点。

②查明作业区水深、水温、流速等参数及环境情况。当水面风力小于 6 级，作业点流速小于 0.1m/s 时方可作业。

③潜下前，应对焊割设备、潜水装置、供气管、电缆、通讯等工机具的绝缘、水密性及工艺等性能进行检查和试验。氧气管要用 1.5 倍工作压力的蒸气或热水清洗，胶管内外不得黏附油脂。气管与电缆每隔 0.5m 捆扎牢固，入水后要整理好供气管、电缆、设备、工具和信号绳等，使其处于安全位置。在任何情况下不能让熔渣溅落到潜水装置及用具上，并防止砸压这些装置。

④下水前应确认在距相当于作业点水深的半径内没有其他作业的障碍物，避免互相干扰造成伤害。

⑤焊工不得在悬浮状态下工作，可事先安装操作平台，或在构件上选择一个安全的位置作为工作台。注意工作台发生爆炸、泄放毒气、坍塌等可能性。要随时进行安全分析、并时刻与监护及指挥人员取得联系。

①运行储油罐、油管、储气罐和密闭容器等水下焊割，必须遵守化工及燃料容器、管道焊补的安全技术要求及规程规定。其他构件在焊割前，也要彻底检查清除内部的易燃、易爆和有毒物质。

②要慎重考虑切割位置和方向，最好先从距离水面最近的部位着手向下割。这是由于水下割是利用氧气与氢气或石油液化气燃烧火焰进行的，在水下很难调整好它们之间的比例，有未完全燃烧的剩余气体逸出水面，遇到阻碍就会在金属构件内聚集形成燃气穴。在水下进行气割，均应从上向下，避免火焰经过可燃气体聚集处引起燃烧爆炸。

③水面支持人员应密切注意水面情况、防止可燃液体和气体在水面聚集引起水面着火。

④严禁利用油管、船体、缆索和海水作为电焊机回路的导电体。

（三）预防烧伤与烫伤的措施

①防止高温溶滴落进潜水服的折叠处或供气管上，尽量避免仰焊和仰割，以免烧坏潜水服和供气管。

②割炬点火最好在水面点燃后带入水下，这样可以防止水下点火易发生回火和可燃气体增多而引起的爆炸。但在带火下沉时（特别在越过障碍时）应注意防止被火焰烧伤或烧坏潜水装具。

③为了防止回火，除在供气总管处安装回火防止器外，应在割炬柄与供气管之间安装防爆阀，防爆阀由逆止阀和火焰消除器组成，逆止阀防止可燃气倒流。火焰消除器的作用是当万一火焰流过逆止阀进入供气管时，可使火焰熄灭。

④不要将气割皮管夹在腋下或两腿之间，防止万一回火爆炸，击穿或烧坏潜水服。割炬不要放在泥土上以防堵塞，每日工作完毕，须用清水冲洗割炬并使其保持干燥。

（四）防触电措施

①水下电弧焊与电弧切割所用电源电压较一般焊机电压高，水下电源必须采用直流电。禁止使用交流电。

②所有设备、工具要具备良好的绝缘和防水性能，绝缘电阻不小于 1MΩ。为了防止海水、大气及盐雾的腐蚀，需包敷具有可靠的水密性绝缘护套，并有良好的接地。

③更换焊条时，必须先发出拉闸信号，断电后才能去掉残余的焊条头，换上新焊条。也可以安装自动开关箱。

焊条应彻底绝缘和防水，只有在形成电弧的端面保证电接触。

④必须穿干式潜水服，戴干式绝缘手套。

⑤焊工作业时，电流一旦接通，切勿背向工件的接地点，把自己置于工作点与接地点之间。而应面向接地点，把工作点置于自己与接地点之间，这才可避免潜水盔与金属用具受到电解作用而不致损坏。焊工切忌把电极尖端指向自己的潜水盔，任何时候都要注意不可使身体或工具的任何部分成为电路。

习　题

1. 什么是置换焊补？什么是带压不置换焊补？
2. 置换焊补的安全措施有哪些？
3. 高处焊割作业应注意哪些特殊措施？

第八章

焊割作业的职业危害与防护

所有的焊割作业都产生气体和粉尘两种污染。近二三十年来，不少新的焊接工艺（氩弧焊、等离子弧焊、CO_2气体保护焊等）在工业生产上的运用和迅速推广及对焊接职业危害的深入研究，使人们逐渐加深了对焊接劳动卫生与防护工作意义的认识并引起普遍的重视。

焊接发生的有害因素与所采用的工艺方法、工艺规范及焊接材料（焊条、焊丝、焊剂、保护气体和焊件材料等）有关。金属材料在焊接过程中的有害因素可分为弧光辐射、有毒气体、粉尘、高频电磁场、放射性物质和噪声等六类。

第一节 焊接中有害因素的来源和危害

一、弧光辐射

弧光辐射主要包括紫外线、红外线和可见光线 3 部分。它们是由于物体加热而产生的。在生产中，物体的温度达到 1 200℃以上时，辐射光谱中即可出现紫外线。焊接电弧温度在 3 000℃时可产生波长短于 290 nm 的紫外线。电弧温度在 3 200℃时，紫外线波长可短于 230 nm。氩弧焊、等离子弧焊的温度越高，产生的紫外线波长越短。手工电弧焊弧光辐射的波长范围列于表 8-1 中。

表 8-1 焊接弧光波长范围

红外线	可见光线	紫外线
0.76～343 mm	红、橙、黄、绿、青、蓝、紫	76 埃[①]～0.4μm
	0.40～0.76 μm	

注：①1 Å（埃）= 10^{-4}μm = 10^{-7}mm。

弧光辐射作用到人体上，被体内组织吸收，引起组织的热作用、光化学作用或电离作用，致使人体组织发生急性和慢性的损伤。

（一）紫外线

适量的紫外线对人体健康是有益的，但受到焊接电弧产生的强烈紫外线的过度照射，对人体有一定的危害。

紫外线可分为长波（320～400 nm）、中波（275～320nm）和短波（180～275nm）。波

波长/nm	相对强度		
	手工电弧焊	氩弧焊	等离子弧焊
20～233	0.02	1.0	1.9
233～260	0.06	1.0	1.9
260～290	0.61	1.0	2.2
290～320	3.90	1.0	4.4
320～350	5.60	1.0	7.0
350～400	9.30	1.0	4.8

紫外线对人体的伤害主要是皮肤和眼睛。

1．对皮肤的作用

皮肤受强烈的紫外线作用时可引起皮炎、弥漫性红斑，有时出现小水泡、渗出液和浮肿，有烧灼感，发痒。波长 297～298 nm 和 250 nm 的紫外线，对皮肤作用最强，是波长 366 nm 的 1 000 倍。

皮肤对紫外线的反应，因其波长不同而异。波长较长的强烈紫外线作用于皮肤时，通常在 6～8 小时潜伏后期出现红斑，持续 24～30 小时，然后慢慢消失，并形成长期不退的色素沉着。波长较短时，红斑的出现和消失较快，不遗留色素沉着。作用强时伴有全身症状头痛、头晕、易疲劳、神经兴奋、发烧、失眠等。

2．电光性眼炎

紫外线过度照射引起眼睛的急性角膜结膜炎称电光性眼炎。这是明弧焊直接操作和配合电焊作业人员中的一种特殊职业性眼病。波长较短的紫外线，尤其是 320 nm 以下者能损害结膜和角膜，有时甚至侵及虹膜和网膜。

紫外线照射时，眼睛受伤害的程度与照射时间成正比，与照射源的距离平方成反比，并且与光线的投射角度有关。

强烈的紫外线短时间照射，眼睛即可致病。潜伏期一般为半小时至 24 小时，多数在受照后 4～12 小时发病。首先出现两眼高度羞明、流泪、异物感、刺痛、眼睑红肿痉挛，并常有头痛和视物模糊，一般经过治疗护理，数日后即恢复良好，不会造成永久性损伤。

3．对纤维的破坏

焊接电弧的紫外线辐射对纤维的破坏能力很强，其中以棉织品为最甚。由于光化学作用，可致棉布工作服氧化变质而破碎，有色印染物显著褪色。这说明弧焊工棉布工作服不耐穿的原因之一，尤其是氩弧焊、等离子弧焊等操作更为明显。

（二）红外线

红外线对人体的危害主要是引起组织的热作用。波长较长的红外线可被皮肤表面吸收，使人产生热的感觉；短波红外线可被组织吸收，使血液和深部组织加热，产生灼伤。焊接过

（三）可见光线

焊接电弧的可见光线的光度，比肉眼正常承受的光度约大 1 万倍。当受到照射时眼睛疼痛，看不清东西，通常叫电焊“晃眼”，可在短时间内失去劳动力。

二、金属烟尘

焊接操作中的金属烟尘包括“烟”和粉尘。焊条和焊材金属熔融时所产生的蒸气在空气中迅速冷凝及氧化形成的烟，其固体微粒往往小于 0.1 μm。这些金属团体微粒称为金属粉尘。飘浮于空气中的粉尘和烟等微粒统称为气溶胶。

（一）金属烟尘的来源

金属烟尘的来源首先是由于焊接过程中金属元素的蒸发。焊接火焰或电弧的温度在 3 000℃以上（弧柱的温度在 6 000℃以上）。由表 8-3 所示的几种元素的沸点可以看出，尽管它们的沸点不同，但都低于弧柱的温度，在这样的温度下，必有金属元素蒸发。

表 8-3 几种金属元素的沸点

元素	Fe	Mn	Si	Cr	Ni
沸点/℃	3 235	1 900	2 600	2 200	3 150

其次是金属或非金属的氧化物。在电弧高温作用下分解的氧能对弧区内的液体金属和焊材、焊条熔化时蒸发的金属尘粉起氧化作用。液体金属的氧化物除了可能给焊缝造成夹渣等缺陷外，还会向操作现场蒸发和扩散。

另外，手工电弧焊的金属烟尘还来源于焊条药皮的蒸发和氧化。焊条药皮原料的主要成分是大理石（$CaCO_3$）、石英（SiO_2）、锰铁（FeMn）、硅铁（FeSi）、纯碱（Na_2CO_3）、萤石（CaF_2）以及水玻璃等。焊接时金属元素蒸发氧化，变成各种有毒物质呈气熔胶溢出，如三氧化二铁（Fe_2O_3）、氧化锰（MnO）、二氧化硅（SiO_2）、硅酸盐、氟化钠（NaF）、氟化铬（CrF_3）和氧化镍（NiO）等。

据现场调查和实验，焊接金属烟尘的成分及浓度主要取决于焊接工艺、焊材及焊接规范。焊接电流强度越大，粉尘浓度越高，据厚药皮焊条焊接实验结果，当焊接电流为 120A 时，每根焊条的发尘量为 0.45 g；电流为 150～160A 时为 0.6 g；电流为 200A 时为 0.83 g。黑色金属焊接时的发尘量及其主要毒物见表 8-4。

我国卫生标准规定粉尘最高容许浓度：锰（换算成 MnO_2 为 0.2 mg/m^3，铬（换算成 Cr_2O_2）0.05 mg/m^3，铝 0.03 mg/m^3，三氧化二铝（Al_2O_3）4 mg/m^3，氧化锌（ZnO）5 mg/m^3、生产作业空气中粉尘的最高容许浓度为：含石英 10%以上的各种粉尘不得超过 2 mg/m^3。其他各种粉尘不得超过 10 mg/m^3。

在通风不良的条件下，焊接操作点的烟尘浓度往往要高出卫生标准几倍，几十倍甚至

表 8-4 黑色金属焊接时发尘量及主要毒物

焊接工艺		发尘量/（g/kg）	粉尘中主要毒物	备注
手工电弧焊	低氩型普低钢焊条（结 507）	11.1～13.1	F、Mn	粉尘化学成分/% Mn 4.2～5.4；可溶性氟 8.5～10.7；全氟 21.4；Mn 7.7；可溶性氟 1.7；全氟 1.7 发尘量与电流关系较大
	钛钠型低碳钢焊条（结 422）	7.7	Mn	
	钛铁矿型低碳钢焊条（结 423）	11.5	Mn	
	高效铁粉焊丝	10～22	Mn	
自动保护电弧焊	自保护粉芯焊丝	20～25	Mn	
气体保护电弧焊	CO_2 保护粉芯焊丝	11～13	Mn	发尘量与电流无关
	CO_2 保护实芯焊丝	8		
	Ar+5% O_2 保护实芯焊丝	36.5	Mn	

（二）金属烟尘的危害

焊接烟尘的成分复杂，不同焊接工艺、不同的材料焊接烟尘成分及其主要危害也有所不同。如黑色金属涂料焊条手工电弧焊、CO_2 焊等粉尘中的主要成分是铁、硅、锰。主要毒物是锰。铁、硅的毒性虽不大，但其尘料极细（5 μm 以下），在空气中停留的时间较长，容易吸入肺内。长期接触金属烟尘，防护不良能引起焊工尘肺、锰中毒的焊工“金属热”等职业危害。焊接其他材料时烟尘中尚有铝、氧化磷、钼等粉尘也会危害焊工的健康。

1．焊工尘肺

尘肺是指由于长期吸入超过一定浓度的能引起肺组织弥漫性纤维病变的粉尘所致的疾病。焊工尘肺在过去被称为“铁末沉着症”。有些粉尘如铁、铝、锡、钡等被人体吸入后可沉积于肺组织中，呈现一般的异物反应，可继发轻微的纤维病变，对人体健康危害较小或无明显影响。但是近一二十年来，由于焊接工艺的进展，经现场测定分析，证明在焊区周围空气中除存在有大量铁或铝粉尘外，尚有多种具有刺激性和促使肺组织产生纤维化的有毒物质。如硅、硅酸盐、锰铬、氟化物以及其他金属的氧化物，还有臭氧、氮氧化合物等混合烟尘及其他有毒气体。焊工尘肺就是在这些有害因素长期慢性综合作用所致的一般混合性尘肺，它既不是铁末沉着症，同样也不同于矽肺。

焊工尘肺的发病一般比较缓慢，多在接触焊接烟尘后 10 年，有的还长达 15～20 年以上（指通风不良条件下）。主要表现为呼吸系统症状，有气短、咳嗽、咳痰、胸闷和胸痛等。同时对肺功能也有不利影响。

引起严重的器质性改变。锰的氧化物和锰粉主要通过呼吸道吸入，也能经胃肠道进入。锰进入机体后在血液循环中与蛋白质相结合，以难溶的磷酸盐形式积蓄在脑、肝、肾、骨骸、淋巴结和毛发等处。焊接的锰中毒一般是慢性过程，大都在接触 3～5 年以后，甚至可长达 20 年才发病。

锰粉尘分散度大，烟尘的直径微小，能迅速扩散，因此，在露天或通风良好的场所不致形成高浓度。目前使用的焊条含锰量，酸性为 10%～18%，碱性为 6%～8%。但经测定，空气中锰浓度仍达 0.005～0.287 mg/m^3，如长期吸入，尤其是在容器、管道内施焊，如缺乏防护措施，仍有可能产生锰中毒。

3. 焊工金属热

大量的 0.05～0.5 μm 的氧化铁、氧化锰微粒和氟化物等物质均可引起焊工“金属热”反应。尤其是在钾和氟同时存在时可增强烟尘微粒深入组织和透过毛细血管的能力。因此，采用碱性焊条时一般比较容易产生“金属热”反应。其典型症状为工作后寒战、继之发烧、倦怠、口内金属味、喉痒、呼吸困难、胸痛、食欲不振、恶心、翌晨发汗后症状减轻但仍觉疲乏无力等。国内调查“金属热”反应发病率是 4.5%～60%，通常发生于密闭罐内及船舱等使用碱性焊条者。

三、有毒气体

在焊接电弧的高温和强烈紫外线作用下，在弧区周围形成多种有害气体，其中主要有臭氧（O_3）、氮氧化物（NO_x）、一氧化碳（CO）和氟化氢（HF）等。

（一）臭氧

臭氧是一种淡蓝色的气体，具有刺激性气味。浓度较高时，一般呈腥臭味，高浓度时，呈腥臭味并略带酸味。

臭氧是属于具有刺激性的有毒气体。它对人体的危害主要是对呼吸道及肺有强烈的刺激作用。臭氧浓度超过一定限度时，往往引起咳嗽、胸闷、食欲不振、疲劳无力、头晕、全身疼痛等。严重时，特别是在密闭空器内焊接而又通风不良时，尚可引起支气管炎。

臭氧浓度同焊接方式、焊材、保护气体、焊接规范等有关。熔化极气体保护焊时母材和保护气体对臭氧浓度的影响列于表 8-5 中。

表 8-5 熔化极气体保护焊时母材和保护气体对臭氧浓度的影响

保护气体	母材	臭氧产生量/（μg/min）
Ar	铝	300
Ar	碳钢	73
CO_2	碳钢	7

弧密闭罩等排烟措施时降为 0.152 mg/m³。

（二）氮氧化合物

焊接操作中的氮氧化合物是在电弧的高温作用下引起空气中氮、氧分子分解，重新结合而成的。其中主要是二氧化氮（NO_2），它是红褐色气体，其毒性是一氧化氮（NO）的4～5 倍。它属于刺激性的有毒气体。较难溶于水，对眼和上呼吸道黏膜刺激不大，而直接吸入呼吸道深部，主要吸入支气管及肺泡。到达肺泡后湿度增加，反应也加快，在肺泡内约可阻留 80%，逐渐与水作用形成硝酸和亚硝酸，对肺组织产生强烈的刺激与腐蚀作用。可增加毛细血管及肺泡壁的通透性，引起肺水肿。当 NO_2 浓度在 120 mg/m³ 时可引起咽部刺激，接触几小时能忍受的浓度不超过 700 mg/m³。慢性中毒时主要表现为神经衰弱症候群，如头痛、头晕、食欲不振、倦怠无力、体重下降等。急性中毒时咳嗽加剧，可发生肺水肿、呼吸困难、虚脱、全软弱无力等。

我国规定空气中氮氧化物的浓度应低于 5 mg/m³。各种气体保护焊，尤其有氩弧焊和等离子弧焊的氮氧化物浓度，在通风不良的条件下往往超过卫生标准十几倍，甚至几十倍。

在焊接实际操作中，氮氧化物单一存在的可能性很小，一般都是与臭氧同时存在，一般情况下两种有毒气体同时存在比单一气体对人体的危害作用提高 15～20 倍。

（三）一氧化碳

一氧化碳（CO）的来源是由于 CO_2 气体在电弧高温作用下发生分解后形成的。其分解随弧温增高而加大。各种明弧焊都产生一氧化碳气体，但其中以二氧化碳气体保护焊产生的浓度最高。一氧化碳浓度随离弧柱距离加大而显著减小。

一氧化碳为无色、无臭、无味、无刺激性的一种窒息性气体，它对人体的毒性作用是使氧在体内的运输或组织利用氧的功能发生障碍，造成组织缺氧。使人产生一氧化碳中毒。

（四）氟化氢

氟化氢主要发生于手工电弧焊。在低氢型焊条涂料中，通常都含有萤石和石英（$CaF_2 \cdot SiO_2$），在电弧高温作用下形成氟化氢气体。

在碱性焊条中萤石可达 10%～18%，例如结 507 型含量为 15%，奥 1.07 含量高达 45%。据测定，在酸性 422 型焊条粉尘中的氟化物总量可达 10%左右，而碱性结 507 型焊条粉尘中的氟化物总量可达 25%左右。

氟及其化合物均有刺激作用，其中以氟化氢作用更为明显。氟化氢为无色气体，极易溶于水形成氢氟酸，二者腐蚀性均强，毒性剧烈。氟化氢能迅速由呼吸道黏膜吸收，亦可我国卫生标准规定氟化氢气体最高容许标准为 1 mg/m^3。

四、高频电磁场

非熔化极氩弧焊和等离子焊需由高频振荡来激发电弧，所以在引弧的瞬间（3～4 s）有高频电磁场存在。

焊接通常使用的高频振荡器频率为 200～500 kHz，属电磁波的中波段。表 8-6 为手工钨极氩弧焊现场高频电磁场测试情况。

人体在高频电磁场作用下，能吸收一定的辐射能量，产生生物学效应，主要是热作用。长期接触较大的高频电磁场，能引起植物神经功能紊乱和神经衰弱。

高频电磁场参考卫生标准为 20V/m。表 8-6 为手工钨极氩弧焊操作中，工作地点高频电磁场的现场测试结果。从表中可看出受辐射强度最大的部位是手部，超过卫生标准 5 倍多，其他部位超过 2～3 倍，而离开操作地点 1 m 以外，电磁场强度基本测不出。

表 8-6　手工钨极氩弧焊高频高磁场现场测定结果　（单位：V/m）

测定位置	头部	胸部	膝部	踝部	手部
焊工前侧	58	66	58	86	106
焊工后侧	38	48	48	20	—
焊工前方 1 m	10	10	5	0	—
焊工前方 2 m	—	0	0	0	—
焊工右侧 1 m	9.6	8.8	6.8	0	—
焊工右侧 2 m	0	0	0	0	—
焊工后方 1 m	7.8	7.8	2	0	—
焊工后方 2 m	0	0	0	0	—
距振荡器最近点	36～95	90	—	—	—

焊接使用的高频振荡器一般只是在引弧时起动，引弧后自动切断。每次引弧时间只有 2～3 s，接触时间是断续的，在这样的工作条件下，虽然高频辐射强度高于卫生标准几倍，一般不足以造成危害。但考虑到焊接操作地点有害因素不是单一的，所以仍有采取防护措施的必要。

五、放射性物质

氩弧焊和等离子弧焊使用的钍钨电极含有 1%～2.5%的钍。钍是天然放射性物质，其中α射线占 90%，β射线占 9%，γ射线占 1%。应用钍钨棒施焊时，有放射性气溶胶存在，并扩散到操作现场的空气中。

放射性物质两种形式作用于人体，即体外照射和体内照射。放射性物质侵入体内则发生体内照射，它可以通过呼吸系统和消化系统进入体内，以及通过皮肤渗透。贯穿辐射可经过氩弧焊和等离子弧焊的大量调查和测定证明，在焊接过程中，存在放射性的危害是很小的，如钍钨棒的放射物质每分钟只有 17 个粒子，一般情况下不会形成危害性的外照射。同时钍钨棒在施焊时的耗量也较低，如等离子弧焊用钍钨棒作阴极时的烧损量为 0.04～0.02 g/min，因此在作业现场产生的放射性粉尘也较少，也不会造成损伤。但有两种情况必须注意：一是在容器内施焊时，放射性气溶胶及钍射气大量存在，可能超过允许标准。二是使用钍钨棒时，为了施焊方便，往往把棒端打磨成圆锥形。在打磨时工作地点以及存放钍钨棒的地点的放射性气溶胶和放射性粉尘的浓度，可以达到或超过卫生标准。

六、噪声

等离子弧焊接和切割工艺过程中，由于工作气体和保护气体以一定的流速流动，经压缩的等离子焰流从喷枪口高速（1 000 m/min）喷射出来，工作气体、保护气体、固体介质、空气等都在互相作用。这种作用可以产生周期性的压力起伏和振动摩擦，形成噪声。等离子切割和喷涂工艺噪声强度较高，并且大多数在 100dB 以上，喷涂作业可达 123dB。噪声对人体的危害程度与频率及强度有关。噪声频率越高、强度越大，则对人体造成的危害越大。

第二节　焊接卫生防护措施

一、焊接粉尘和有毒气体的防护措施

通风技术是消除焊接尘毒的危害和改善劳动条件的有力措施。它的任务在于使作业地带的卫生条件符合卫生的要求，形成一个良好的作业环境。

（一）全面性通风

全面性通风有 3 种不同的排烟方法，它们之间的比较可见表 8-7 所示。

（二）局部通风

局部通风分为送风与排气两种。局部通风是使用电风扇直接吹散焊接烟尘和有毒气体的通风方法。这种方法只是暂时地将弧焊区附近及操作地带的有害物质吹走，起到一定的稀释操作地带的粉尘和有毒气体的作用。但却污染了整个车间，另外冷风直接吹袭焊工，容易得关节炎、腰腿痛和感冒等疾病。所以此类方法不宜采用。

上抽排烟		屋顶排气量 Q_R，上升汽流量 Q，$Q \leqslant Q_R$；$Q/Q_R = 1 \sim 0.3$。屋内自然风速 V_N，上升气流速 V，$V \geqslant CV_N$；$C > 2$	对作业车间仍有污染。适用于新建车间
下抽排烟		风向上与升烟雾方向相反，需采用足量和风速较大的风机	对作业车间污染较小。但需考虑采暖问题。适用于新车间
横抽排烟		—	对作业车间仍有污染，适用于老厂房改造

局部排气是目前所有各类通风措施中，使用效果良好、方便灵活、设备费用较低的有效措施。

①固定式排烟罩。有上抽、侧抽和下抽 3 种，如图 8-1 所示。此类设施常用于焊接操作地点固定、工作较小的工作场所。设置这种通风装置应符合下列要求：整个装的排气途径必须合理，不能使有毒气体的粉尘经过操作人员的呼吸地带。排出口的风速以 1～2 m/s 为宜，风量可自行调节，排管的出口高度必须高出作业厂房顶部的 1～2 m（如图 8-2 所示）。

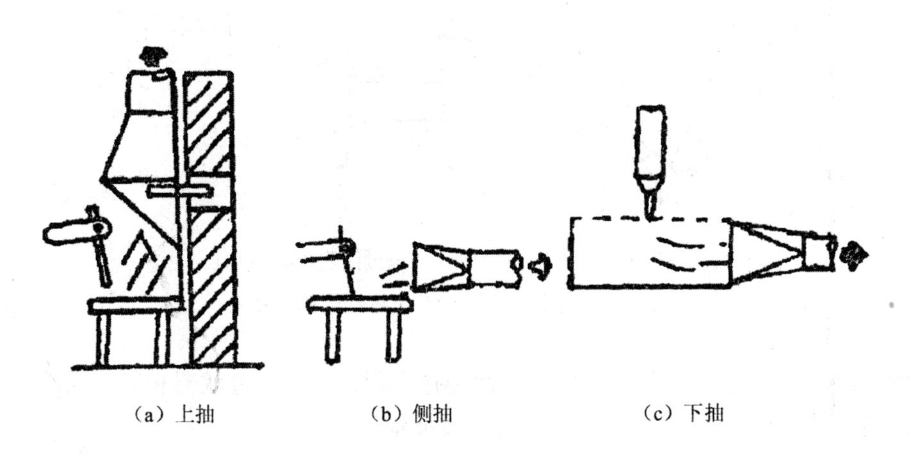

（a）上抽　　（b）侧抽　　（c）下抽

图 8-1　固定式排烟罩

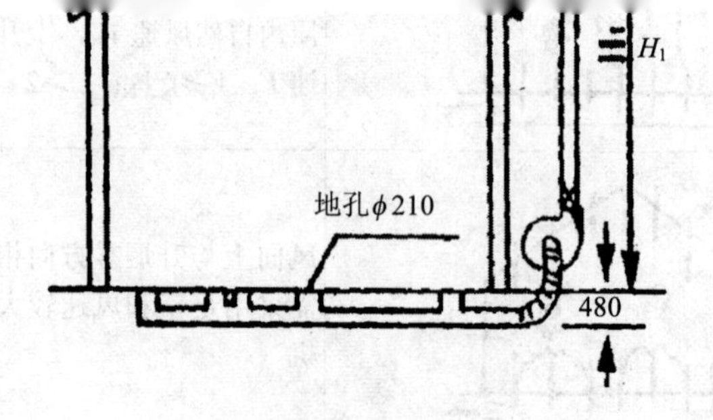

H_1—排出管高度

图 8-2　下式抽排系统

②可移动式排烟罩。这类通风装置结构简单轻便，可以根据焊接地点和操作位置的需要随意移动。因而在密闭船舱或化工容器、管道内施焊，或在大作业厂房非固定点施焊时采用移动式排烟罩，有良好的排出效果。

可移动式排烟系统是由小型离心风机、通风软管，过滤器和排烟罩组成。目前应用较多，效果较好的有以下几种形式：

净化器固定、吸头移动型，如图 8-3 所示。这种排烟罩适用于大作业厂房非定点施焊。图中导风软管可以根据焊接操作地点和位置的需要进行调节。

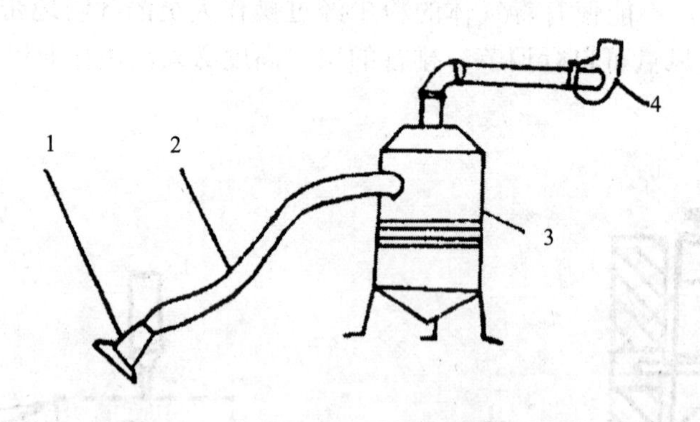

1—吸风头；2—导风软管；3—过滤器；4—风机

图 8-3　净化器固定、吸头可移动式排烟系统

风机及吸头移动型，如图 8-4 所示。此类排烟罩的风机、过滤器和吸风头等都可以根据焊接操作需要随意移动，使用方便灵活，效果显著。

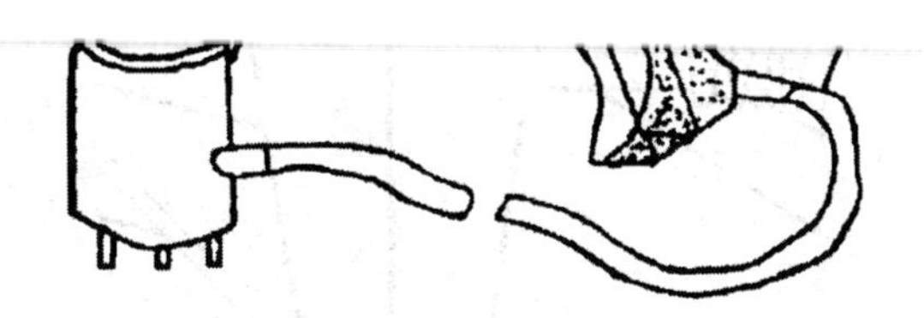

1—导风软管；2—吸气口；3—净化器；4—出气口

图 8-4　风机及吸头移动式排烟系统

抽流风机排烟系统，见图 8-5 所示。这种装置带有活动支撑架，移动方便省力。

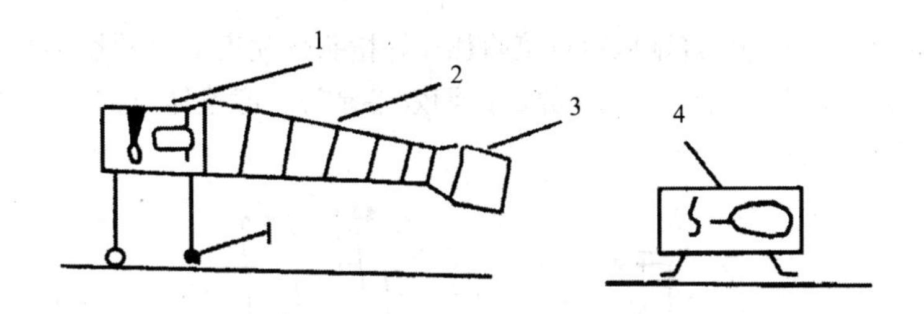

1—风机；2—导风管；3—净化器；4—支撑活动架

图 8-5　抽流风机排烟系统

③随机式排烟罩。其特点是排烟罩固定在自动焊机头上或其附近，故效果显著。一般采用微型风机或气力引射子当风源。它又分近弧和远弧排烟罩两种形式，见图 8-6 所示。其中以远弧罩的抽排效果更佳。

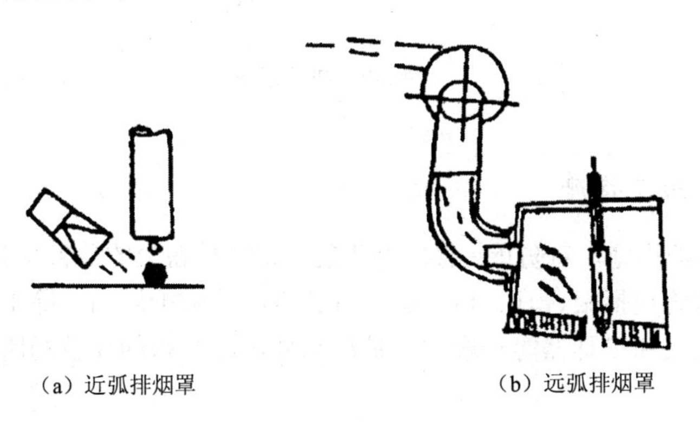

（a）近弧排烟罩　　（b）远弧排烟罩

图 8-6　随机式排烟罩

④手执式排烟罩。这种排烟罩适用于手工电弧焊，它把面罩和排烟装置结合起来，效果好，较好地解决了手工电焊消除尘毒危害的问题，见图 8-7 所示。

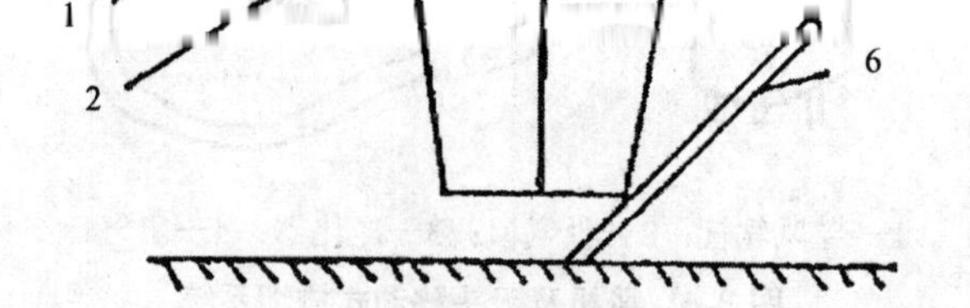

1—排气管；2—面罩手柄；3—面罩；4—滤光片；5—吸风筒；6—焊条

图 8-7　手执式排烟罩

⑤排烟罩枪。其特点是将排烟罩直接附加在焊枪头部喷嘴上面（比喷嘴口约高 18 mm），并用软管抽出烟尘、再经过滤系统排放，排烟效果显著。但枪体较重，适用于自动和半自动焊机上，见图 8-8 所示。

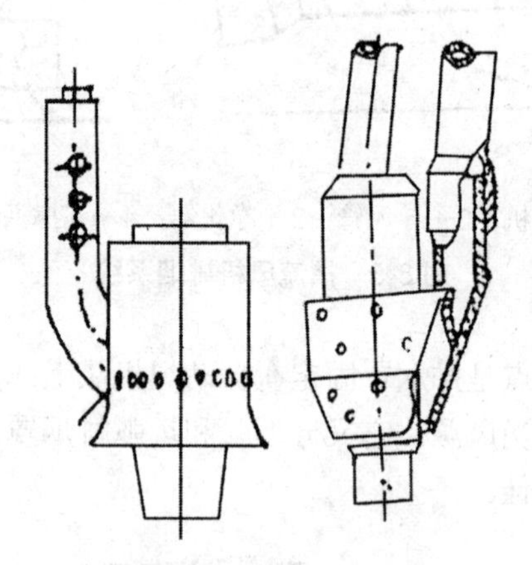

图 8-8　排烟罩枪

（三）个人防炉措施

加强个人防护措施，对防止焊接时产生的有毒气体粉尘的危害具有重要意义。

个人防护措施包括眼、耳、口、鼻、身各方面的防护用品，除工作服、手套、鞋、眼镜、口罩、头盔和护耳器等一般的防护用品外，在特殊的作业场所，则必须有特殊防护措施。

1. 送风防护面罩与头盔

它是在一般电焊工面罩或头盔的里面，于呼吸部位固定一个轻金属或有机玻璃薄板制成的送风带，如图 8-9 所示。由于经过处理的压缩空气不断从送风带送出，盔内形成正压，盔外的有害气体不易进入盔内，从而保证了良好的防护效果。

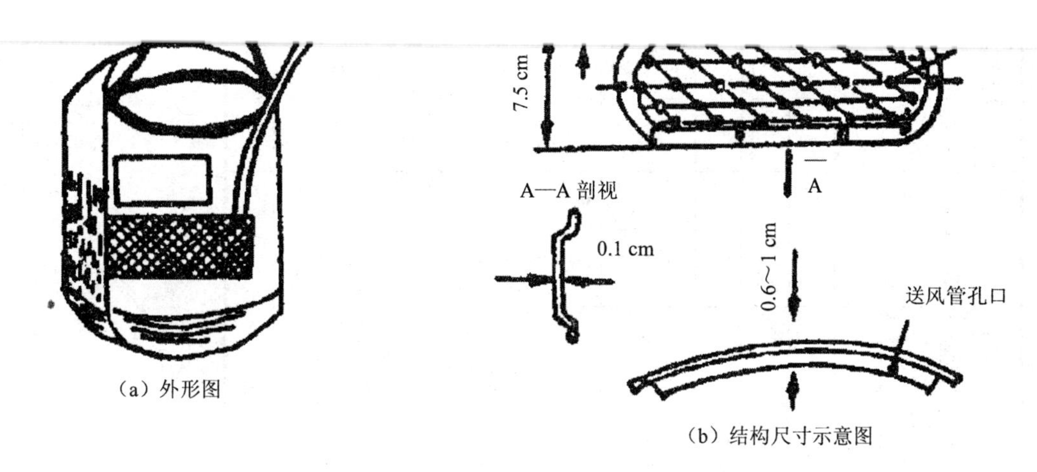

图 8-9　送风防护面罩

2．**个人送风封闭头盔**

它是在一般电焊工所用头盔的基础上，加上头罩、盔裙和供气系统组成，如图 8-10 所示。使用实践证明，封闭型送风头盔的防护效果较理想。由于盔内空气压力大，致使有害气体、粉尘及烟雾不得侵入盔内，起到了隔离作用。

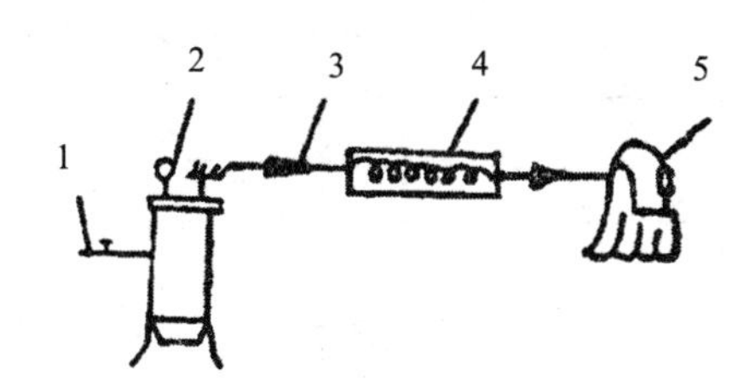

1—压缩空气；2—压力净化控制器；3—送风管路；4—加热（或冷却）器；5—封闭型送风头盔

图 8-10　封闭型送风头盔工作系统

此外还有送风口罩，分子筛除臭氧口罩等个人防护用品。个人防护措施可参见国家有关规定、要求。在表 8-8 列出了 14 种主要作业场合下推荐使用的防护措施，可供参考。

（四）改革工艺和改进焊接材料

焊接工艺实行机械化、自动化，采用新技术、改进焊接工艺，减少焊工接触生产毒物的机会，是消除焊接职业危害的根本措施。如采用自动焊代替手工焊，发展专用焊接机械手代替焊工工作等。

在保证产品技术条件的前提下，合理地改革设计与施工。例如合理设计焊接容器，减少和消灭容器内部焊缝。尽可能采用单面焊双面成型的新工艺。这样可以减少或避免容器内部施焊的机会，减小对操作者的危害。

表 8-8　推荐采用的防护措施

工艺	排烟罩						排烟	强力小风机	气力引射器	通风焊帽	送
	固定式			移动式	随机式						
	上抽	侧抽	下抽		近弧	远弧					
固定位切割、气刨	2	1									
不固定位切割、气刨								1			
固定工位手工焊接	2	1	2	3							
不固定工位手工焊接				1				2	3		
固定工位半自动焊接		2						1			
不固定工位半自动焊接				2				3			
固定工位埋弧自动焊		2			1						
固定工位氩弧自动焊					3	1	2	4			
固定工位二氧化碳保护自动焊					3	2	1	4			
小车式埋弧自动焊				2	1						
小车式氩弧自动焊				4	3	1	2	5			
小车式氧化碳保护自动焊				4	3	1	2	5			
封闭容器、舱室手工焊								121	3	1	2
封闭容器、舱室半自动焊							1	23	4	3	23

注：数字表示优先采用顺序，如两栏内有相同数字，表示应同时采用。括号表示可考虑采用。

（三

二、焊接弧光防护

为了预防电弧对眼睛的伤害，焊工在焊接时必须使用镶有特制的滤光镜片的面罩，面罩上镶有吸收式过滤镜片，滤光镜片与焊接电流的强度根据表 8-9 来选择。这种面罩既可以透过它观察电弧，又可以吸收紫外线、红外线和强可见光，起保护皮肤和眼睛的作用。

表 8-9　滤光镜片的选择

滤光镜片色号	适用焊接电流范围/A	透光率/%		
		可见光线	红外线	紫外线
	300～500			
	100～300	0.000 5～0.002		
11	100 以下	0.003 5～0.05	0.1	0
10	电弧焊接的辅助工作和气焊工作	0.03～0.08	0.3	0
9		0.2～0.5	1.0	0
		0.4～0.6		

为了保护焊工皮肤免受电焊的伤害，焊工的工作服应采用灰色或白色的帆布制成以反射弧光的照射。工作时袖口应扎紧，帆布或皮手套要套在袖口外面。上衣不准扎在裤腰内，以免焊接火花灼伤皮肤。

此外，为保护焊接地点附近工作人员不受弧光的危害，最好有固定的焊接工作室常备有布帘遮住工作室的门，对于临时性的焊接，应有备可移性的深色护板和屏风，在操作点周围设置防护屏。

三、放射性防护

焊接的放射性保护主要是防止含钍气溶胶等进入体内。其措施有：

①钍钨棒应有专用的贮存设备，大量存入时应藏于铁箱里，并安装排气管将放射性气体排出室外。

②合理的操作规范可以避免钍钨极的过量烧损。

③采用密闭罩施焊时，在操作中不应打开罩体。手工操作时，必须戴送风防护头盔或采用其他有效措施。

④应备有专用砂轮来磨尖钍钨棒，砂轮机要安装除尘设备，如图 8-11 所示。砂轮机地面的磨屑要经常作湿式扫除，并集中后作深埋处理。

⑤磨尖钍钨棒时应戴防尘口罩。接触钍钨棒后应以流动水和香皂洗手，并经常清洗工作服及手套等。

1—砂轮；2—抽吸口；3—排出管

图 8-11　砂轮抽排装置

四、噪声防护

对等离子弧焊，切割等焊接所产生的噪声，应采取如下防护与治理措施：

①合理选择工作参数。等离子弧焊接所产生的噪声强度与工作气体的种类、流量等因素有关。所以在保证工艺正常进行，符合质量要求的前提下，尽可能选择噪声低的工作参数。

②安装消声器。这类噪声频率较高，在焊枪喷出口安装小型消声器，可降低噪声。

③加强个人防护。使用隔音耳塞或隔音耳罩等个人防护用具。特别是耳塞，具有携带方便，经济耐用等优点，对减少噪声危害有较好效果。

④吸声和隔音。采用吸声和隔音材料，对降低或清除噪声危害有良好效果。

五、高频电磁场的防护

高频电磁场的防护措施有如下几点：

①降低振荡频率，由于高频电磁场的频率越高对人体的影响就越大。所以在不影响引弧顺利的前提下适当降低振荡频率，使其对人体的影响尽可能小。

②屏蔽焊把及导线。采用细铜质金属编织软线及薄的金属罩套在电胶管并将焊把外面同时接地，对高频电磁场有屏蔽作用。

③采用分离式把柄。在原焊枪上另接一个新的把柄使焊工的手和高频电磁场的距离增加，减小其对人体的影响。

④缩短高频电磁场存在时间。有的焊机高频振荡器是连续工作的。为避免高频电磁场的危害，应使其只在引弧的瞬间（2～3s）工作。

第三节　化工设备管道焊接防毒措施

一、焊接发生中毒原因

①由于设备管道内存在着生产性毒物，如苯、汞蒸气、氢化物、光气等。

蒸气等。

④由于设备管道间的空间狭小、通风不良，在焊接操作中产生大量窒息性气体和其他有毒气体。

⑤采用置换作业法时，惰性气体置抽后的设备管道里的空间是缺氧环境，焊工进入焊接时引起的窒息等。

二、预防中毒措施

①采用置换作业法时，在进入焊接操作前，应先化验设备，管道里的空气，严格保证含氧量在19%以上。

②焊工在设备管道内施焊时，应有专人看护或两人轮换作业，发现异常情况，及时抢救。还应在焊工身上系一条绳子，另一端系铜铃并固定在设备管道外，一旦发生紧急情况即以铃响为信号，而此绳子又可作为从设备管道里救出焊工的工具。

③在有毒物质的化工设备管道上带压不置换动火操作时，焊工应戴防毒面具，而且应在上风侧操作。

根据风向，风力，预先确定焊接时可能聚集有毒气体及有毒蒸气的地区，不允许无关人员进入。

④焊接经过脱脂处理或涂漆的设备管道时，出于有些脱脂剂如四氯化碳、当有火种和灼热物体存在的条件下，便分解出有毒气体，如光气等，漆膜在高温燃烧时生成环氧树脂裂解气体以及有害金属粉尘（铅、锌的氧化物蒸气）等有毒物质。因此，在焊接操作地点装设局部排烟罩排烟。另外可以预先除去焊缝周围漆层。

⑤有设备管道等空间狭小的地方焊接，应加强机械通风，以稀释有毒物质的浓度。并且绝对禁止通入氧气。

习　题

1. 焊接与切割作业环境有害因素有哪些？
2. 有毒气体包括哪些因素？
3. 有毒气体有哪些危害？
4. 焊接卫生防护措施有哪些？

焊割作业现场安全组织

第一节　焊割作业中发生火灾、爆炸原因及防止措施

一、焊接切割作业中发生火灾和爆炸事故的原因

①焊接切割作业时，尤其是气体切割时，由于使用压缩空气或氧气流的喷射，使火星、熔珠和铁渣四处飞溅（较大的熔珠和铁渣能飞溅到距操作点 5m 以外的地方），当作业环境中存在易燃、易爆物品或气体时，就可能会发生火灾和爆炸事故。

②在高空焊接切割作业时，对火星所及的范围内的易燃易爆物品未清理干净，作业人员在工作过程中乱扔焊条头，作业结束后未认真检查是否留有火种。

③气焊、气割的工作过程中未按规定的要求放置乙炔瓶，工作前未按要求检查焊（割）炬、橡胶管路和乙炔瓶的安全装置。

④气瓶存在制定方面的不足，气瓶的保管充灌、运输、使用等方面存在不足，违反安全操作规程等。

⑤乙炔、氧气等管道的制定、安装有缺陷，使用中未及时发现和整改其不足。

⑥在焊补燃料容器和管道时，未按要求采取相应措施。在实施置换焊补时，置换不彻底，在实施带压不置换焊补时压力不够致使外部明火导入等。

二、防范措施

①焊接切割作业时，将作业环境 10m 范围内所有易燃、易爆物品清理干净，应注意作业环境的地沟、下水道内有无可燃液体和可燃气体，以及是否有可能泄漏到地沟和下水道内可燃易爆物质，以免由于焊渣、金属火星引起灾害事故。

②高空焊接切割时，禁止乱扔焊条头，对焊接切割作业下方应进行隔离，作业完毕应做到认真细致的检查，确认无火灾隐患后方可离开现场。

③应使用符合国家有关标准、规程要求的气瓶，在气瓶的贮存、运输、使用等环节应严格遵守安全操作规程。

④对输送可燃气体和助燃气体的管道应按规定安装、使用和管理，对操作人员和检查人员应进行专门的安全技术培训。

⑤焊补燃料容器和管道时，应结合实际情况确定焊补方法。实施置换法时，置换应彻底，工作中应严格控制可燃物质的含量。实施带压不置换法时，应按要求保持一定的电压。

第二节 火灾、爆炸事故的紧急处理

在焊接切割作业中如果发生火灾、爆炸事故时，应采取以下方法进行紧急处理：

①应判明火灾、爆炸的部位和引起火灾和爆炸的物质特性，迅速拨打火警电话119报警。

②在消防队员未到达前，现场人员应根据起火或爆炸物质特点，采取有效的方法控制事故的蔓延，如切断电源、撤离事故现场氧气瓶、乙炔瓶等受热易爆设备，正确使用灭火器材。

③在事故紧急处理时必须由专人负责，统一指挥，防止造成混乱。

④灭火时，应采取防中毒、倒塌、坠落伤人等措施。

⑤为了便于查明起火原因，灭火过程中要尽可能地注意观察起火部位、蔓延方向等，灭火后应保护好现场。

⑥当气体导管漏气着火时，首先应将焊割炬的火焰熄灭，并立即关闭阀门，切断可燃气体源，用灭火器、湿布、石棉布等扑灭燃烧气体。

⑦乙炔气瓶口着火时，设法立即关闭瓶阀，停止气体流出，火即熄灭。

⑧当电石桶或乙炔发生器内电石发生燃烧时，应停止供水或与水脱离，再用干粉灭火器等灭火，禁止用水灭火。

⑨乙炔气着火可用二氧化碳、干粉灭火器扑灭；乙炔瓶内丙酮流出燃烧；可用泡沫、干粉、二氧化碳灭火器扑灭。如气瓶库发生火灾或邻近发生火灾威胁气瓶库时，应采取安全措施，将气瓶移到安全场所。

⑩一般可燃物着火，可用酸碱灭火器或清水灭火。油类着火用泡沫、二氧化碳或干粉灭火器扑灭。

⑪电焊机着火首先应拉闸断电，然后再灭火。在未断电前不能用水或泡沫灭火器灭火，只能用1211（二氟一氯一溴甲烷灭火器）、二氧化碳、干粉灭火器。因为水和泡沫灭火液体能够导电，容易触电伤人。

⑫氧气瓶阀门着火，只要操作者将阀门关闭，断绝氧气，火会自行熄灭。

⑬发生火警或爆炸事故，必须立即向当地公安消防部门报警，根据“三不放过”的要求，认真查清事故原因，严肃处理事故责任者。

第三节 灭火技术

我国消防条例在总则中明确规定，消防工作实行“预防为主，防消结合”的工作方针，预防为主就是要把预防火灾的工作放在首位，每个单位和个人都必须遵守消防法规，做好消防工作，消除火灾隐患。

“防”和“消”是相辅相成的两个方面，缺一不可，因此，这两个方面的工作都应积极地做好。

（一）建立各级管理人员防火岗位责任制

企业各级领导应在各自职责范围内，严格执行贯彻动火管理制度。本着谁主管、谁负责的管理原则，制定各级管理人员岗位防火责任制，在自己所负责的范围内尽职尽责，认真贯彻并监督落实防火管理制度，真正做到“以防为主，防消结合”。

（二）划定禁火区域

为了加强防火管理，各单位可根据生产特点，原料、产品危险程度及仓库、车间布局，划定禁火区域。在禁火区内，需动明火，必须办理动火申请手续，采取有效防范措施，经过审核批准，才可动火。

（三）建立在禁火管理区内动火审批制度，在禁火区内动火一般实行三级审批制

1．一级动火审批

一级动火，包括禁火区内以及大型油罐、油箱、油槽车和可燃液体及相联接的辅助设备、受压容器、密封器、地下室，还有与大量可燃易燃物品相邻的场所。

一级动火，必须由要求进行焊接、切割作业的车间或部门的主要负责人填写动火申请表，报厂主管防火工作的保卫（或安技）部门审批。如遇特别危险场所或部位动火，要由厂长召集主管安技、保卫工作的副厂长、总工程师以及安技、保卫、生产、技术、设备等部门的领导，共同讨论制定动火方案和安全措施，由厂长和总工及主管防火工作的保卫科长签字，方能执行动火。

2．二级动火的审批

二级动火是指具有一定危险因素的非动火区域，或小型油箱、油桶、小型容器以及高处焊割作业等。

二级动火由要求执行焊割的部门填写动火申请表，经单位负责防火部门现场检查，确认符合动火条件并签字后，交动火人执行动火作业。

3．三级动火审批

凡属于非固定动火区域，没有明显危险因素的场所，必须进行临时焊割时，都属三级动火范围。

三级动火由申请动火部门主管人员填写动火申请表，由部门领导签字批准，并向单位主管防火工作的保卫部门登记即可。

4．注意事项

①申请动火的车间或部门在申请动火前，必须负责组织和落实对要动火的设备、管线、场地、仓库及周围环境，采取必要的安全措施，才能提出申请。

②动火前必须详细核对动火批准范围，在动火时动火执行人必须严格遵守安全操作规

③企业领导批准的动火，要由安全、消防部门派现场监护人。车间或部门领导批准的动火（包括经安全消防部门审核同意的），由车间或部门指派现场监护人，监护人员在动火期间不得离开动火现场，监护人应由责任心强、熟悉安全生产的人担任，动火完毕后，应及时清理现场。

④一般检修动火，动火时间一次都不得超过一天，特殊情况可适当延长，隔日动火的，申请部门一定要复查。较长时间的动火（如基建、大修等），施工主管部门应办理动火计划书（确定动火范围、时间及措施），按有关规定分级审批。

⑤动火安全措施，应由申请动火的车间或部门负责完成，如需施工部门解决，施工部门有责任配合。

⑥动火地点如对邻近车间、其他部门有影响的应由申请动火车间或部门负责人与这些车间或部门联系，做好相应的配合工作，确保安全。影响大的应在动火证上会签意见。

二、常用灭火器的主要性能

常用灭火器的主要性能见表 9-1。

表 9-1　常用灭火器的主要性能

灭火器种类	二氧化碳灭火器	干粉灭火器	1211 灭火器	泡沫灭火器
规格	2kg 以下 2～3kg 5～7kg	80kg 50kg	1kg 2kg　3kg	10L 65～30L
药剂	瓶内装有压缩成液态的二氧化碳	钢筒内装有钾盐或钠盐干粉并备有盛装压缩气体的小钢瓶	钢筒内装有二氟一氯一溴甲烷，并充填压缩氮气	筒内装有碳酸氢钠、发沫剂和硫酸铝溶液
用途	不导电 扑救电气、精密仪器、油类和酸类火灾，不能扑救钾、钠、锰、铝等初起火灾	不导电 可扑救电气设备火灾，但不宜扑救旋转电机火灾，可扑救石油、油产品、油漆、有机溶剂、天然气和天然气设备火灾	不导电 扑救油类、电气设备、化工、化纤原料等初起火灾	有一定导电性，可扑救油类或其他易燃液体火灾。不能扑救忌水和带电物体火灾
效能	接近着火地点，保持 3m 远	8kg 喷射时间 14～18s，射程 4.5m；50kg 喷射时间 50～55s，射程 6～8m	1kg 喷射时间 6～8s，射程 2～3m	10L 喷射时间 60s，射程 8m；65L 喷射时间 170s，射程 13.5m
使用方法	一只手拿好喇叭筒对着火源，另一只手打开开关即可	提起圈环干粉即可喷出	拔下铅封或横锁，用力压下压把即可	倒过来稍加摇动或打开开关，药剂即喷出
保养和检查方法	保管： 1. 置于取用方便的地方 2. 注意使用期限 3. 防止喷嘴堵塞 4. 冬季防冻，夏季防晒 检查： 每月测量一次，当低于原重量 1/10 时，应充气	置于干燥通风处，防受潮日晒。每年抽查一次，干粉是否受潮或结块。小钢瓶内的气体压力，每半年检查一次，如重量减少 1/10，应充气	置于干燥处，勿摔碰，每年检查一次重量	一年检查一次，泡沫发生倍数低于 4 时，应换药

“1211”的分子式是CF_2BrCl，沸点–4℃，冰点（常压下）–160℃，比重（20℃时）1.83，常温时无色、无刺激味。

“1211”灭火剂喷出来时是液体小粒和蒸气的混合物，液滴在火焰中蒸发而产生适量的冷却效应外，主要是抑制干扰火焰的连锁反应，使火熄灭。

“1211”毒性和对金属腐蚀率较低，绝缘性能好，灭火后不留痕迹，具有适宜的沸点和贮存压力低及久贮不变质等优点。但遇燃烧时间长，温度高，“1211”灭火有复燃的缺点。

（二）干粉灭火器

干粉灭火器的基料为碳酸氢钠等和少量的防潮剂、流动促进剂等添加物（如硅油、滑石粉等）组成，并研磨成很细的固体颗粒，用干燥的二氧化碳或氮气作动力，将干粉从容器中喷射出去，形成粉雾，由于干粉浓度密，颗粒细，在燃烧区内能隔绝火焰的辐射热，并析出不燃气体，冲淡空气中的氧的含量及中断燃烧连锁反应等，从而迅速扑灭火焰。

干粉灭火剂具有灭火效力大，速度快，无毒，不导电，久贮不变质，价格低等特点。

（三）二氧化碳灭火器

手提式二氧化碳灭火器，是把二氧化碳以液态灌进钢瓶内，其容量约 3～7 kg。液态二氧化碳喷射到燃烧区时，由于液体二氧化碳的蒸发，吸热作用凝成固态雪花状（又称干冰）。干冰的温度是–78.5℃，故又有冷却作用。燃烧区灭火的二氧化碳浓度占 29.2%时，燃烧的火焰就会熄灭。

二氧化碳灭火器的喷射距离约 2 m，因而要接近火源，并要站立在上风处。

（四）焊割作业时采用的灭火器材

焊割作业由于电气、电石及乙炔气发生火灾时，相应采用的灭火器材见表 9-2。

表 9-2　焊割产生火灾采用的灭火器材

火灾种类	采用的灭火器材
电气	“1211”、二氧化碳、干粉、干沙
电石	干粉、干沙
乙炔气	干粉、干沙、二氧化碳

触电事故的防范措施有：

①做好焊接切割作业人员的培训，持证上岗，杜绝无证人员进行焊接切割作业。

②焊接切割设备要有良好的隔离防护装置。伸出箱体外的接线端应用防护罩盖好，有插销孔接头的设备，插销孔的导体应隐蔽在绝缘板平面内。

③焊接切割设备应设有独立的电器控制箱，箱内应装有熔断器、过载保护开关、漏电保护装置和空载自动断电装置。

④焊接切割设备外壳、电器控制箱外壳等应设保护接地或保护接零装置。

⑤改变焊接切割设备接头，更换焊件需改变接二次回路时，转移工作地点，更换保险丝以及焊接切割设备发生故障需检修时，必须在切断电源后方可进行。推拉闸刀开关时，必须戴绝缘手套，同时头部需偏斜。

⑥更换焊条或焊丝时，焊工必须使用焊工手套，要求焊工手套应保持干燥、绝缘可靠。对于空载电压和焊接电压较高的焊接操作和在潮湿环境操作时，焊工应使用绝缘橡胶衬垫确保焊工与焊件绝缘。特别是在夏天炎热的天气，由于身体出汗后衣服潮湿，因此不得靠在焊件、工作台上。

⑦在金属容器内或狭小的工作场地焊接金属结构时，必须采用专门防护，如采用绝缘橡胶衬垫、穿绝缘鞋、戴绝缘手套，以保障焊工身体与带电体绝缘。

⑧在光线不足的较暗环境工作，必须使用手提工作行灯，一般环境使用的照明灯电压不超过 36V。在潮湿、金属容器等危险环境，照明行灯电压不得超过 12V。

⑨焊工在操作时不应穿有铁钉的鞋或布鞋。绝缘手套不得短于 300mm，制作材料应为柔软的皮革或帆布。焊条电弧焊工作服为帆布工作服，氩弧焊工作服为毛料或皮工作服。

⑩焊接切割设备的安装、检查和修理必须由持证电工来完成，焊工不得自行检查和修理焊接切割设备。

第五节　触电急救常识

焊工在地面、水下和高空作业，可能发生低压（1 000V 以下）和高压（1 000V 以上）的触电事故。触电者会发生神经麻痹，呼吸中断，心脏停止跳动等症状，外表上则呈现昏迷不醒的状态，但不应认为是死亡，可能是假死，要立即抢救。触电者的生命是否能得救，在绝大多数情况下，取决于能否迅速脱离电源和救护是否得法。拖延时间，动作迟缓和救护方法不当，都可能造成死亡。

救护步骤首先是切断电源，必要时立即进行人工呼吸和心脏挤压，同时通知急救站，派医生前来救治。触电急救工作贵在坚持，不可轻率终止。

（一）低压触电事故

低压触电事故急救常识：

①电源开关或插座在触电地点附近时，立即拉开电源开关或拔出插头，断开电源。

②如电源开关或插座在远处，可用有绝缘柄的电工钳或有干燥木柄的斧头切断电线，断开电源；或用木板等绝缘物插入触电者身下，以隔断电流。

③当电线搭落在触电者身上或被压在身下时，可用干燥的衣服、手套、绳索、木板、木棒等绝缘物作为工具，拉开触电者或挑开电线，使触电者脱离电源。

④如果触电者的衣服是干燥的，又没有紧缠在身上，可以用一只手抓住他的衣服，拉离电源。但因触电者的身体是带电的，其鞋的绝缘也可能遭到破坏，救护人不得接触触电者的皮肤，也不能抓住他的鞋。

（二）高压触电事故

高压触电事故急救常识：

①立即通知有关部门停电。

②戴上绝缘手套，穿上绝缘鞋，用相应电压等级的绝缘工具拉开开关或切断电线。

③抛掷裸金属线使线路短路接地，迫使保护装置动作，断开电源。抛掷金属线前应注意，先将金属线的一端可靠接地，然后抛掷另一端。抛掷的另一端不可触及触电者或其他人。

（三）注意事项

急救注意事项：

①救护人不可直接用手或用潮湿的物件作为救护工具，而必须使用适当的绝缘工具。救护人最好用一只手操作，以防自己触电。

②防止触电者脱离电源后可能的摔伤，特别是当触电者在高空作业的情况下，应考虑防摔倒的措施。即使触电者在平地，也要注意触电倒下的方向。

③如触电事故发生在夜间，应迅速解决临时照明问题、以利于抢救，并避免扩大事故。

二、救治方法

触电者脱离电源后，应根据触电者的具体情况，迅速对症救治。触电急救最主要的救治方法是人工氧合。因为触电以后，呼吸系统和循环系统的正常工作遭到破坏，氧合过程可能中止，所以在这种情况下，必须用人工的方法恢复心脏的跳动和呼吸，两者之间相互配合的作用，这就是人工氧合。人工氧合包括人工呼吸和心脏挤压 2 种方法。

（一）对症救治

对症救治方法：

②如果触电者伤势较重，已失去知觉，但心脏跳动和呼吸还存在，应使触电者舒适安静地平卧，保持环境空气流通，解开他的衣服，以利呼吸。如天气寒冷，要注意保温，并速请医生诊治或送往医院。如果触电者呼吸困难、稀少或发生痉挛，应防备心脏停止跳动或呼吸停止，立即施行人工氧合。

③如果触电者伤势严重，呼吸停止，或者心脏跳动停止，或者心脏跳动和呼吸都停止，应立即施行人工氧合，并尽快请医生诊治或送往医院。

应当注意，急救要尽快地进行，不能等候医生的到来，在送往医院途中，也不能中止急救。

（二）人工呼吸法

人工呼吸（即人工氧合）是在触电者呼吸停止后应用的急救方法。各种人工呼吸法中，以口对口（鼻）人工呼吸法效果最好，而且简单易学，容易掌握。

施行口对口人工呼吸法，应使触电者仰卧，头部尽量后仰，鼻子朝天，下颚尖部与前胸部大致保持在一条水平线上。触电者颈部下方可以垫起，但不可在头部下垫放枕头和其他物品，以免堵塞呼吸道。

口对口人工呼吸法的操作步骤如下：

①将触电者头部侧向一边，张开其嘴，清除口中血块、假牙、呕吐物等异物，使呼吸道畅通，同时解开衣领，松开紧身衣着，以排除影响胸部自然扩张的障碍。

②使触电者鼻部（或口）紧闭，救护人深吸一口气后，紧贴触电者的口（或鼻），向内吹气，为时约 2 秒钟。

③吹气完毕，立即离开触电者的口（或鼻）并松开触电者的鼻孔（或嘴唇），让他自行呼气，为时约 3 秒钟，如此反复进行。

（三）心脏挤压法

心脏挤压法是触电者心脏跳动停止后的急救方法。施行心脏挤压应使触电者仰卧比较坚实的地面上，姿势与口对口人工呼吸法相同。操作方法如下：

①救护者跪在触电者腰部一侧，或者骑跪在他身上，两手相叠，手掌跟部放在心窝稍高一点的地方，即两乳头间略下一点，胸骨下 1/3 处。

②掌服用力向下挤压，压出心脏里面的血液。对成年人应压陷 3～4 cm、每秒钟挤压一次，每分钟挤压 60 次为宜。

③挤压后掌跟迅速放松，让触电者胸廓自动复原，血液充满心脏。放松时，掌跟不必完全离开胸廓。

触电者如系儿童，可以用一只手挤压，用力要轻一些，以免损伤胸骨，而且每分钟挤压 100 次左右。

心脏跳动和呼吸是互相联系的。心脏跳动停止，呼吸很快就会停止；呼吸停止了，心脏跳动也维持不了多久。一旦呼吸和心脏跳动都停止了，应当同时进行口对口人工呼吸和胸外心脏自己呼吸，则应立即再做人工呼吸。当触电者身上出现尸斑或身体僵冷，要经医生作出无法救治的诊断后，方可停止人工呼吸。

对于与触电同时发生的外伤，应分别情况，酌情处理。对于不危及生命的轻度外伤，可放在触电急救之后处理；对于严重的外伤，应与人工呼吸同时处理。

在抢救的过程中慎用肾上腺素（强心针），除非经心电图证明被救治者的心脏的确停止了跳动，方可使用。但值得指出，任何药物都不能代替心脏挤压法和人工呼吸法。

第六节　焊割作业现场安全作业

焊工除了进行正常的结构产品的焊接工作外，往往经常要进行现场检修、抢修工作，由于检修、抢修的焊接工作不同于产品的焊接工作，它具有一定的特殊性、复杂性，如果忽视现场安全作业，则造成事故的破坏性和危害性更大，因此在现场进行检修和抢修作业时，焊工必须遵循下列安全作业：

一、焊割作业前的准备工作

（一）弄清情况、保持联系

工程无论大小，焊工在检修前必须弄清楚设备的结构及设备内贮存物品的性能，明确检修要求和安全注意事项。对于需要焊接切割的部位，除了在有关通知——动火证上详细说明外，还应同有关人员在现场交代清楚，防止弄错。特别是在复杂的管道结构中或在边生产边检修的情况下，更应注意。在参加大检修前，还要细心听取现场指挥人员的情况介绍，随时保持联系，了解现场变化情况和其他工种相互协作等事项。

（二）观察环境、加强防范

明确任务后，要进一步观察环境，估计可能出现的不安全因素，加强防范。如果需焊接切割的设备处于禁火区内，必须按禁火区的焊接或气割管理规定申请动火证。操作人员按动火证上规定的部位、时间动火，不准许超越规定的范围和时间，发现问题应停止操作，研究处理。

二、焊接切割作业前的检查和安全措施

（一）检查污染物

凡被化学物质或油脂污染的设备都应清洗后再焊接或切割。如果是易燃、易爆或者有

到有气味的物品时，应重新清洗。

二看。就是查看清洁程度如何，特别是塑料，如：氟乙烯等这类物质必须清除干净，因为塑料不但易燃，而且遇高温裂解产生剧毒气体。

三测爆。就是在容器内部抽取试样用测爆仪测定爆炸极限，大型容器的抽样应从上、中、下容易积聚的部位进行，确认没有危险时，方可进行焊接切割作业。

应该指出："一嗅、二看、三测爆"是常用的检查方法，虽然不是最完善的检查方法，但比起盲目操作，安全性更好些。

（二）严防3种类型的爆炸措施

①严禁设备在带压时焊接或切割，带压设备检修前一定要先解除压力（卸压），并且焊割前必须打开所有孔盖。未卸压的设备严禁操作，常压而密闭的设备也不许进行焊接与切割。

②设备零件内部污染了爆炸物，外面不易检查到，虽然数量不多，但遇到焊割火焰而发生的爆炸威力却不小，因此清洗工作无把握的设备，不随便操作。

③混合气体或粉尘的爆炸。即操作时遇到易燃气体（如乙炔、煤气等）和空气的混合物，或遇到可燃粉尘（如铝尘、锌尘）和空气的混合物，在一定的混合比例内也会发生爆炸。

上述3种类型的爆炸的发生均在瞬间，且有很大的破坏力。

（三）一般检修的安全措施

一般检修的安全措施有：

①拆迁。在有易燃、易爆物质的场所，尽量将焊割件拆下来迁到安全地带进行检修。

②隔离。就是把需要检修的设备和其他有易燃、易爆的物质及设备隔离开。

③置换。就是把化学性质不活泼气体（如氮气、二氧化碳）或水注入有可燃气体设备和管道中，把里面的可燃气体置换出来，以达到驱除管道中可燃气体的目的。

④清洗。就是用热水、蒸汽或酸液及溶剂清洗设备中的污染物。

⑤移去危险品。将可能引起火灾的物质移到安全处。

⑥敞开设备、卸压通风。开启全部人孔阀门。

⑦加强通风。在有易燃、易爆气体或有毒气体的室内焊接，应加强室内通风，并戴好防毒面罩。在焊割时可能放出有毒有害气体和烟尘，要采取局部抽风。

⑧准备灭火器。按要求选取灭火器以作准备，并应了解灭火器的使用方法及使用范围。

三、焊割时的安全作业

（一）登高作业的安全措施

登高作业应该做到：

④乙炔发生器、氧气瓶、弧焊机等焊接设备器具尽量留在地面上。

⑤注意火星的飞溅。

（二）进入设备内部焊接切割的安全措施

进入设备内部焊接切割的安全措施有：

①进入设备内部前，先要弄清楚设备内部的情况。

②把该设备和外界联系的部位，都要进行隔离和切断，如电源和附带在设备上的水管、料管、蒸汽管压力等均要切断并挂牌。如有污染物的设备应按前述要求进行清洗后才能进行内部焊割。

③进入容器内部焊割要实行监护制。派专人进行监护。监护人不能随便离开现场，要与容器内部的人员保持联系。

④设备内部要通风良好，这不仅要驱除内部的有毒气体，而且要向内部送入新鲜空气。但是，严禁使用氧气作为通风气源，防止燃烧或爆炸。

⑤氧乙炔焊割要随人进出，不得放在容器内。

⑥在内部作业时，做好绝缘防护工作，防止触电等事故。

⑦做好个体防护，减少烟尘等对人体的侵害，目前多采用静电口罩。

（三）焊修燃料容器的安全措施

燃料容器内即使有极少量的残液，在焊割过程中也会蒸发成蒸汽，并与空气混合后能引起强烈爆炸。因此必须进行彻底清洗。清洗方法有以下几种：

①一般燃烧容器，可用1L水加100g苛性钠或磷酸钠水溶液仔细清洗，时间可视容器的大不而定，一般约15～30min，洗后再用强烈水蒸气吹刷1遍方可施焊。

②当洗刷装有不溶于碱液的矿物油的容器时，可采用1L水加2～3g水玻璃或肥皂。

③汽油容器的清洗可采用水蒸气吹刷，吹刷时间视容器大小而定，一般2～24h。

如清洗不易进行时，可采用下述方法：把容器装满水，以减少可能产生爆炸混合气体的空间，但必须使容器上部的开口敞开，防止容器内部压力增高。

四、焊割作业后的安全检查

焊割作业后的安全检查有：

①仔细检查漏焊、假焊，并立即补焊。

②对加热的结构部分，必须待完全冷却后，才能进料或进气。因为焊后炽热处遇到易燃物质也能引起燃烧或爆炸。

③检查火种。对整个作业地带及邻近进行检查。凡是经过加热、烧烤、发生烟雾或蒸汽的低凹处，应彻底检查，确保安全。

作业。

②焊工未经培训，无特种作业人员安全操作证，不准进行焊、割作业。

③焊工不了解焊件内部是否安全时，不得进行焊割工作。

④焊工不了解焊割现场周围情况，不得盲目进行作业。

⑤各种装过易燃、易爆、有毒物质的容器，未经彻底清洗和排除危险前，不准进行焊割作业。

⑥用不燃材料做保温或隔热设备的部分，或火星能飞溅到的地方，在未采取可靠防火安全措施前，不准焊割。

⑦有压力或密闭的管道、容器，不准焊割。

⑧焊割部位有易燃易爆物堆放，未作清理，采取有效安全措施前，不准焊割。

⑨附近有与明火作业抵触的工种在作业时，不准焊割。

⑩与外单位相邻部位，未弄清有无危险前不准焊割。

习　题

1. 焊割作业中发生火灾和爆炸事故的原因有哪些？
2. 什么是三级动火审批制？
3. 简述二氧化碳灭火器的特点。
4. 简述口对口人工呼吸法的操作步骤。
5. 如何做好焊割作业前的准备工作和作业后的安全检查？

实例1　无证违章操作，酿20世纪末特大火灾

一、事故经过

2000年12月25日晚，圣诞之夜，位于洛阳市老城区的东都商厦楼前五光十色，灯火通明。台商新近租用了东都商厦的一层和负一层开设郑州丹尼斯百货商场洛阳分店，计划于26日正式营业，正紧锣密鼓、夜以继日地装修店貌。而此时，在商厦顶层开设的一个歌舞厅正举办圣诞狂欢舞会。然而，就在人们沉浸于圣诞节的欢乐氛围之时，楼下几簇小小的电焊火花将正在装修的地下室烧起，火势和浓烟顺着楼梯直逼顶层歌舞厅，酿成了20世纪末的特大灾难，夺走了309人的生命。

二、主要原因分析

着火的直接原因是丹尼斯百货商场洛阳分店雇佣的4名既无特种作业人员操作证又无道德良心可言的所谓电焊工违章作业引起的。他们在大厦负一层焊接该层与负二层家具商场的遮盖风板时，根本未考虑下边是摆满了木质家具、沙发等易燃品的商场，没有采取任何防范措施，野蛮施工致使火红的焊渣溅落下去引燃了物品，情急之下他们慌乱用消防水龙带向下浇了些水，但火势控制不住反而愈燃愈烈。在此情况下，几个人竟然未报警即逃离了现场。大火就这样凶猛烧了起来，乌黑有毒的浓烟像一条狰狞的苍龙沿着通道翻腾着直冲大厦顶层舞厅，到有人发现失火时，已是两个多小时以后，紧急疏散和灭火都为时已晚，致使309人中毒窒息死亡。所以，这起事故的主要原因，是由于电焊工没有受过安全教育，缺乏最基本的安全常识，事故发生后惊慌失措，没有及时报警，贻误了灭火和疏散的时机。

实例2　焊工自己给焊机接通电源、遭电击

一、事故经过

某厂有位焊工到室外临时施工点电焊，焊机接线时因无电源插座，便自己将电缆每股导线头部的漆皮刮掉，分别弯成小钩挂到露天的电网线上，由于错把零线接到火线上，当他调节焊接电流用手触及外壳时，即遭电击身亡。

二、主要原因分析

焊机外壳本来是接到电源零线的，由于焊工不熟悉有关电气安全知识，将零线和火线错接，导致焊机外壳带电，造成触电死亡事故。

1980 年 7 月，某厂点焊工甲和乙进行铁壳点焊时，发现焊机一次引线圈已断，电工甲找了一段软线交乙自己更换。乙换线时，发现一次线接线板螺栓松动，便用扳手拧紧（此时甲不在现场），然后试焊几下就离开现场。甲返回不了解情况，便开始点焊，只焊了几下便大叫一声倒在地上。

工人丙立即拉闸，但甲由于抢救不及时而死亡。

二、主要原因分析

①因接线板烧损，线圈与外壳之间没有有效的绝缘，因而引起短路。

②焊机外壳没有接地。

实例 4　更换焊机条时手触焊钳口，遭电击

一、事故经过

某造船厂一位年轻的女电焊工，正在船舱烧电焊，因船舶内温度高而且通风不好，身上大量出汗，帆布工作服和皮手套已湿透。在更换焊条时触及焊钳口，因痉挛后仰跌倒，焊钳落在颈部未能摆脱，造成电击，事故发生后经抢救无效而死亡。

二、主要原因分析

①焊机的空载电压较高超过了安全电压。

②船舱内温度高，焊工大量出汗。人体电阻降低，触电危险性增大。

③触电后，未能及时发现，电流通过人体的持续时间较长，使心脏、肺部等重要器官受到严重破坏，所以抢救无效。

实例 5　窗户上的挡风麻袋掉落在焊接电缆接头上，引起一场火灾

一、事故经过

某厂电焊工在木工房焊活，遮挡工房窗户上的湿麻袋掉落在焊机电缆接头上。焊机工作 2 个多小时后焊工即拉闸下班，结果在夜间麻袋着火引起一场火灾。事故发生后为分析原因专门作了模拟实验，用干燥的麻袋 5 个依次覆盖在原接头上，焊机工作了半小时麻袋起火。用湿麻袋片作相同的实验，1 小时后冒蒸汽，2 小时有微烟，5 小时起火。

二、主要原因分析

由于焊接电缆的接头连接不牢固，接触不良，接触电阻太大。几百安培的焊接电流通过接头时，产生的电阻热导致麻袋起火引起这场火灾。

实例 6　焊补鸡舍引起火灾

一、事故经过

某养鸡场鸡舍的金属构件损坏焊补，该构架和一个木制的支架相联结。在进行修补的电焊过程中，木质受热冒烟。焊补结束后焊工即离开鸡舍，但过后不久木料着火点燃了鸡舍的聚苯乙炔烯绝缘材料，烧毁了鸡舍，鸡舍里的 1 500 只小鸡全部被烧死。

一、事故经过

某厂的焊工，选用新安装的脱附罐作接地极（罐内有 2 t 多活性炭）。电焊时由于导线连接处的局部加热，引燃了罐里活性炭，结果将 2 t 多活性炭全部烧光。

二、主要原因分析

由于焊接电流产生的电阻热和引弧时产生的电火花，局部加热活性炭引起着火。

实例 8　焊接切割时焊渣引燃火灾

一、事故经过

某建工队承包一大礼堂大修时，一女气割工上屋顶进行钢屋架拆除切割作业，由于熔渣落下，引燃下面存放的废料、油毛毡等物引起火灾，待别人发觉时火势已猛，烧毁了整个礼堂。

二、主要原因分析

①违反高空焊割作业规定。

②未做焊割前的准备工作。

③属责任事故。

实例 9　易燃易爆容器内电焊引起爆炸事故

一、事情经过

某焦化厂 2 名焊工对已关闭 6 个月的老 3 号储苯罐进行接长出口管道和装设避雷针电焊作业，电焊后突然发生爆炸，造成 3 人死亡的重大事故。

二、主要原因分析

①动火手续不全。

②未对储苯罐进行彻底清洗及置换。

③焊工违反了“十不焊”中的规定：

a. 焊工必须持证上岗，无特种作业安全操作证的人员，不准进行焊、割作业。

b. 凡属一、二、三级动火范围的焊割作业，未经办理动火审批手续，不准进行焊割。

c. 焊工不了解焊、割现场周围情况，不得进行焊割。

d. 焊工不了解焊体内部是否安全时，不得进行焊割。

e. 各种装过可燃气体、易燃液体和有毒物质的容器，未经彻底清洗、排除危险性之前，不准进行焊割。

f. 用可燃材料作保温层、冷却层、隔热设备的部位或火星能飞溅到的地方，在未采取切实可靠的安全措施之前，不准焊割。

g. 有压力或密闭的管道、容器，不准焊、割。

j. 与外单位相连的部位，在没有弄清有无险情，或明知存在危险而未采取有效的措施之前，不准焊、割。

实例10 装卸工违章作业，造成氧气瓶爆炸

一、事故经过

某单位用卡车运回新灌的氧气，装卸工为图方便，把氧气瓶从车用脚蹬下，第一个气瓶刚落下，第二个气瓶跟着正好砸在上面，立刻引起两个氧气瓶的爆炸，造成一伤一亡。

二、主要原因分析

①漏气的焊炬容易发生回火。

②在调节氧气压力时，氧气减压器和瓶阀沾上油脂，发生回火时，在压缩纯氧强烈氧化作用下，引起剧烈燃烧。

实例11 氧气瓶的减压器着火烧毁

一、事故经过

某建筑队气焊工在施焊时，使用漏气的焊炬，焊工的手心被调节阀处冒出的火苗烧伤起泡，涂上了獾油。在调节好乙炔和氧气压力后就开始焊活，施焊过程中发生回火，氧气胶管爆炸，减压器着火并烧毁，关闭气瓶阀门时，氧气瓶上半截已烫手，非常危险。

二、主要原因分析

① 漏气的焊炬容易发生回火。

② 在调节氧气压力时，氧气瓶阀和减压器沾上油脂，在发生回火时，在压缩纯氧强烈氧化作用下引起剧烈燃烧。

实例12 排除地沟里含油的积水时，发生着火

一、事故经过

某厂的3位青年工人到地沟里排除积水，由于水面上有一层油，油的蒸汽使人感到胸闷，组长即用氧气胶管向地沟里吹扫，过后不久，组长亲自下地沟替换1位青工，他手持香烟刚走到梯子的一半时，地沟突然起火，导致3位青工出现不适，当他们被送到医院时，神志尚清醒，烧伤不严重，但都医治无效而死亡。

二、主要原因分析

由于3位青工的呼吸系统和肺部里有油的蒸汽和富氧，富氧是强烈氧化剂。所以，当组长下地沟的途中，烟头点燃地沟的油蒸汽时，燃烧的火焰不仅烧伤3位青工的皮肤，而且火还顺着鼻子烧进他们的肺部，把呼吸系统烧烂。

实例13 焊补装酸罐焊补

一、事故经过

某单位一装运硫酸的罐体底部漏酸，补焊时，将罐底朝上，人孔朝下放在地面上，当

由上式可知，在酸罐内会充满氢气与空气的混合气体。氢在空气中的含量超过爆炸极限范围，因此显然是电焊火花引燃罐内混合气体而发生爆炸。

实例 14　焊补氢气管道引起爆炸

一、事故经过

某化工厂有座几层楼高的制氢装置，因管道漏气需焊补。该管道经过一个小屋子，为安全起见，先采用氮气吹扫小屋，将氢气置换排出，并用测爆仪检测合格。但在焊补前再次检测时，发现氢气浓度又上升达到爆炸极限。经过反复检查，原来泄漏的氢气除了在小屋子里扩散外，还钻进管道的保温材料珍珠砂里去。随即再次用氮气吹扫置换，检测合格后，用事先准备好的湿麻袋，将扩散氢气部位的砂子覆盖上，然后进行焊补。开始操作不久，则发生爆炸，将小屋及几层楼高的制氢装置炸毁，造成 7 人死亡，8 人受伤。6 人住院，损失 55 万元。

二、主要原因分析

由于氢气是最轻的气体，湿麻袋实际上挡不住氢气从珍珠砂中往外扩散，小屋子的氢气浓度不断上升，动火条件发生了变化，由于氢气浓度达到爆炸极限而发生这起爆炸事故。

实例 15　焊补柴油柜爆炸

一、事故经过

1981 年 7 月，某拖拉机厂一辆汽车装载的柴油柜，出油管在接近油阀的部位损坏，需要补焊。操作人员将柜内柴油放完之后，未加清洗，只打开人孔盖就进行补焊，立刻爆炸，现场炸死 3 人。

二、主要原因分析

油柜中的柴油放完之后，柜壁内表面仍有油膜存留，并向柜内挥发油气，与进入的空气形成爆炸性混合气体（柴油气体占 1.5%～4.5%），被焊接高温引爆。

实例 16　非气焊工违章操作，酿成事故

一、事故经过

某厂气焊工甲与暖工乙进行上、下水管大修工作。乙开启减压器上的氧气阀门，氧气豁然冲出，将接在减压器出气嘴上的氧气胶管冲落，正好打在乙的左眼上，将眼球击裂失明。

二、主要原因分析

①瓶内氧气压力较高，开启阀门过大，使氧气猛烈冲出。

②氧气胶管与减压器的连接部位扎得不牢。

③水暖工乙不懂气焊安全操作知识，开启阀门过猛，且又站在氧气出口方向，属违章

一、事故经过

1978年4月，某厂一电焊工甲，在总装车间喷漆房内焊接工件，电焊火花飞溅到附近较厚油漆膜的木板上起火。在场的工人见状惊慌失措，有的拿扫帚扑打，有的用压缩空气吹火，造成火势扩大，后经消防队半小时扑救才熄灭。

二、主要原因分析

①房内油漆膜未清除，又未采取任何安全防火措施。

②灭火方法不当，错误地用压缩空气吹火，助长了火势，造成了事故更为严重的恶果。

实例18　用风铲清渣未戴防护镜造成左眼失明

一、事故经过

1965年9月，某厂工人用风铲清理工件焊缝时，毛刺飞起，打入左眼，重伤失明。

二、主要原因分析

①操作方法不当，致使焊缝毛刺打入眼睛，造成事故。

②工人未戴安全防护镜。

实例19　登高焊接作业发生高空坠落

一、事故经过

某厂有位电焊工在12m高的金属结构上焊接，为安全起见，登高时带着尼龙安全带上去。在施焊过程中，安全带被角钢缠住。当他转身去解开时，尼龙安全带被高温的焊缝烧断，人从高处坠落，造成终身残废。

二、主要原因分析

安全带不符合安全要求。

实例20　无证操作

一、事故经过

某单位8层职工宿舍基建工地因电焊工请假，影响了施工，基建科副科长朱某着急，就自己顶替焊工焊接，他攀上屋架顶，在既未挂安全带，也不戴面罩，又无助手帮助的情况下，左手扶着钢筋，右手抓焊钳，闭着眼睛施焊。但他毕竟不是焊工，终因焊接质量差，焊缝支持不住他的体重，而从12.4m高处坠落，当场死亡。

二、主要原因分析

①朱某不是焊工，焊接技术差，又未经安全技术培训。

②登高焊接未系安全带。

③地面上无人监护。

二、主要原因分析

①焊工严重违反《溶解乙炔气瓶安全监察规程》规定。

②使用前应竖立置放20min。

实例22 焊工在容器内焊接、错用氧气瓶置换引起火灾

一、事故经过

某农药厂机修焊工进入直径1m、高2m的繁殖锅内焊接挡板，未装排烟机抽烟，而用氧气吹锅内烟气，使烟气消失。当电工再次进入锅内焊接作业时，只听“轰”的一声，该焊工烧伤面积达88%，三度烧伤占60%，抢救7天后死亡。

二、主要原因分析

①严重违章用氧气作通风气源。

②进入容器内焊接未按规定装设排烟机。

实例23 错用氧气代替压缩空气，引起爆炸

一、事故经过

某五金商店一焊工在店堂内维修压缩机和冷凝器，在进行最后的气压试验时，因无压缩空气，焊工就用氧气来代替，当试压至0.98MPa时，压缩机出现漏气，该焊工立即进行焊补。在引弧一瞬间压缩机立即爆炸，不但店堂炸毁，焊工当场炸死，并造成多人受伤。

二、主要原因分析

①店堂内不可作为焊接场所。

②焊补前应打开一切孔盖，必须在没有压力的情况下焊补。

③严禁用氧气代替压缩空气作试压。

实例24 盲目动火，引燃爆炸

一、事故经过

某冷轧钢厂机修工场内，车刨组长利用已废弃的旧油箱（容积为0.8m^3）盛装汽油，他用割炬对密封的油箱进行切割，导致箱内残留的油料燃烧爆炸，致其烧伤。烧伤面积达99%，其中浓度达50%，经抢救无效死亡。

二、主要原因分析

①不是焊工而盲目动火，属违章作业。

②动火前必须彻底清洗。

③清洗后应打开油箱的孔盖。

某工地气割工切割钢板，在作业下风存放乙炔瓶的铁棚突然“轰”的一声响，碎片飞出10m砸下，该气割工被气浪冲出3m外，手臂骨折。

二、主要原因分析

①气瓶放在作业下风处。

②泄漏的乙炔气闷在铁棚内。

③火星顺风飞向铁棚。

实例26 焊接前未仔细检查作业环境，导致焊工坠落身亡

一、事故经过

1999年6月，4名焊工在轮船上进行隔舱板焊接工作，其中夏某靠近一减轻孔工作（孔长1.85m，宽1.2m），焊接时不慎失足从减轻孔坠落至舱底，发现时人已死亡。

二、主要原因分析

①夏某未仔细观察环境。

②减轻孔无任何安全设施。

③照明不足，无监护人。

实例27 高空未系安全带挂钩，坠落身亡

一、事故经过

1997年10月，某工地上，焊接技术员蒋某腰系安全带到2层施工平台检查钢柱焊缝质量，项目经理看到此状未作提醒，突然蒋某大叫一声，从平台西侧坠落地面，头部着地，经抢救无效死亡。

二、主要原因分析

①未挂安全带挂钩。

②属领导责任。

③缺乏督促检查。

实例28 动火场地不符合要求，引燃大火

一、事故经过

1997年2月，焊工顾某向驻船消防员工申请动火，消防员未到现场就批准动火。顾某气割爆炸后，舱底的油污遇火花飞溅，引燃熊熊大火。在场人员用水和灭火机扑救不成，并迅速扩大，造成5死、1重伤、3轻伤。

二、主要原因分析

①动火部位下方有油污。

②消防员盲目审批。

③灭火知识缺乏。

无效死亡。

二、主要原因分析

①电焊机机壳带电。

②焊工未穿绝缘鞋。

③焊机接地失灵。

实例30 焊工高空焊割作业未采取隔离措施和未系安全带，造成1死1重伤的安全事故

一、事故经过

1986年6月18日17时20分，焦作电厂工程施工现场。锅炉安装工游××等在锅炉右侧52m下部K2K3柱之间安装斜支撑钢梁的加固钢板，游××用火焊切割时，对脚手架顶部（5.2台）的加固横木杆与垂直吊杆铁丝绑扎处未采用隔离防护，致使绑扎铁丝烧伤，当加固钢板就位后准备施焊，游从脚水架的南头走到电焊工梁××站的北侧吊杆处架板上时，被烧伤处的吊架最薄弱处负荷加大，横木杆与吊杆的铁丝扣松动，吊杆滑脱，竹架板瞬时向下脱落，游××、梁××二人毫无思想准备，又未系安全带，以致坠落到40m钢平台上，游××（男，29岁，四级锅炉安装工，工龄十年）经抢救无效死亡。梁××（男，21岁，二级电焊工，工龄四年）多处骨折，造成重伤。

二、主要原因分析

①切割钢板时未采取防护措施，使木杆与吊杆的绑扎被火焰烧伤变形，吊杆与竹架板滑脱，是事故发生的直接原因。

②游、梁二人高处作业未系安全带，是造成事故的主要原因。

三、预防措施

①高处作业必须系好安全带。

②高处切割或焊接作业要采取隔离措施，防止烧伤其他结构和工件器具等。

附录

焊接与切割安全

GB 9448－1999

国家质量技术监督局 1999－09－03 批准　　2000－05－01 实施

前　言

本标准是根据美国标准 ANSI/AWS Z49．1《焊接与切割安全》对 GB 9448—1988《焊接与切割安全》进行修订的，在技术要素上与之等效；在具体技术内容方面有如下变动：

——本标准以我国标准作为引用依据。由于标准体系的不同，在引用相关标准技术内容的部分，做了不同程度上的调整，文字叙述上亦有相应的改动；

——ANSI/AWS Z49．1《焊接与切割安全》中个别内容重复、难以操作的部分结合我国的实际国情均做了适当删改；

——根据我国的实际情况，保留了 ANSI/AWS Z49．1《焊接与切割安全》中没有、但在原标准中存在、而且证明确实有效合理的技术内容；

——本标准主要适用于一般的焊接、切割操作，故删除了原标准中与操作基本无关的内容及特殊的安全要求，如：登高作业、汇流排系统中的设计、安装细节等；

——根据技术内容的编排需要，本标准增加了附录部分。

本标准自实施之日起，同时代替 GB 9448—1988。

本标准的附录 A、附录 B 和附录 C 均为提示的附录。

本标准由国家机械工业局提出。

本标准由全国焊接标准化技术委员会归口。

本标准主要负责起草单位：哈尔滨焊接研究所。

本标准主要起草人：朴东光、张伶。

第一分篇　通用规则

1　范围

本标准规定了在实施焊接、切割操作过程中避免人身伤害及财产损失所必须遵循的基本原则。

本的可能性。

GBJ 87—1985　工业企业噪声控制设计规范

GB/T 2550—1992　焊接及切割用橡胶软管　氧气橡胶软管

GB/T 2551—1992　焊接及切割用橡胶软管　乙炔橡胶软管

GB/T 3609.1—1994　焊接眼、面防护具

GB/T 4064—1983　电气设备安全设计导则

GB/T 5107—1985　焊接和切割用软管接头

GB 7144—1985　气瓶颜色标记

GB/T 11651—1989　劳动防护用品选用规则

GB 15578—1995　电阻焊机的安全要求

GB 15579—1995　弧焊设备安全要求　第一部分：焊接电源

GB 15701—1995 焊接防护服

GB 16194—1996　车间空气中电焊烟尘卫生标准

JB/T 5101 一 1991　气割机用割炬

JB/T 6968—1993　便携式微型焊炬

JB/T 6969—1993　射吸式焊炬

JB/T 6970—1993　射吸式割炬

JB 7496—1994　焊接、切割及类似工艺用气瓶减压器安全规范

JB/T 7947—1995　等压式焊炬、割炬

3　总则

3.1　设备及操作

3.1.1　设备条件

所有运行使用中的焊接、切割设备必须处于正常的工作状态，存在安全隐患（如：安全性或可靠性不足）时，必须停止使用并由维修人员修理。

3.1.2　操作

所有的焊接与切割设备必须按制造厂提供的操作说明书或规程使用，并且还必须符合本标准要求。

3.2　责任

管理者、监督者和操作者对焊接及切割的安全实施负有各自的责任。

3.2.1　管理者

管理者必须对实施焊接及切割操作的人员及监督人员进行必要的安全培训。培训内容包括：设备的安全操作、工艺的安全执行及应急措施等。

管理者有责任将焊接、切割可能引起的危害及后果以适当的方式（如：安全培训教育、

涉及的危害有清醒的认识并且了解相应的预防措施。

管理者必须保证只使用经过认可并检查合格的设备（诸如焊割机具、调节器、调压阀、焊机、焊钳及人员防护装置）。

3.2.2 现场管理及安全监督人员

焊接或切割现场应设置现场管理和安全监督人员。这些监督人员必须对设备的安全管理及工艺的安全执行负责。在实施监督职责的同时，他们还可担负其他职责，如：现场管理、技术指导、操作协作等。

监督者必须保证：

——各类防护用品得到合理使用；

——在现场适当地配置防火及灭火设备；

——指派火灾警戒人员；

——所要求的热作业规程得到遵循。

在不需要火灾警戒人员的场合，监督者必须要在热工作业完成后做最终检查并组织消灭可能存在的火灾隐患。

3.2.3 操作者

操作者必须具备对特种作业人员所要求的基本条件，并懂得将要实施操作时可能产生的危害以及适用于控制危害条件的程序。操作者必须安全地使用设备，使之不会对生命及财产构成危害。

操作者只有在规定的安全条件得到满足；并得到现场管理及监督者准许的前提下，才可实施焊接或切割操作。在获得准许的条件没有变化时，操作者可以连续地实施焊接或切割。

4 人员及工作区域的防护

4.1 工作区域的防护

4.1.1 设备

焊接设备、焊机、切割机具、钢瓶、电缆及其他器具必须放置稳妥并保持良好的秩序，使之不会对附近的作业或过往人员构成妨碍。

4.1.2 警告标志

焊接和切割区域必须予以明确标明，并且应有必要的警告标志。

4.1.3 防护屏板

为了防止作业人员或邻近区域的其他人员受到焊接及切割电弧的辐射及飞溅伤害，应用不可燃或耐火屏板（或屏罩）加以隔离保护。

4.1.4 焊接隔间

在准许操作的地方、焊接场所，必要时可用不可燃屏板或屏罩隔开形成焊接隔间。

4.2 人身防护

在依据GB/T 11651选择防护用品的同时，还应做如下考虑：

的滤光窗、幕而不必使用单个的面罩、手提罩或护目镜。窗或幕材料必须对观察者提供安全的保护效果、使其免受弧光、碎渣飞溅的伤害。

镜片遮光号可参照表 1 选择。

表 1　护目镜遮光号的选择指南

焊接方法	焊条尺寸/mm	电弧电流/A	最低遮光号	推荐遮光号*)
手工电弧焊	＜2.5	＜60	7	—
	2.5～4	60～160	8	10
	4～6.4	160～250	10	12
	＞6.4	250～550	11	14
气体保护电弧焊及药芯焊丝电弧焊	—	＜60	7	—
		60～160	10	11
		160～250	10	12
		250～500	10	14
钨极气体保护电弧焊	—	＜50	8	10
		50～100	8	12
		150～500	10	14
空气碳弧切割	—	＜500	10	12
		500～1 000	11	14
等离子弧焊接	—	＜20	6	6～8
		20～100	8	10
		100～400	10	12
		400～800	11	14
等离子弧切割	*　*)	＜300	8	9
		300～400	9	12
		400～800	10	14
焊炬硬钎焊	—	—	—	3 或 4
爆炬软钎焊	—	—	—	2
碳弧焊	—	—	—	14
气焊	板厚/mm		—	
	＜3			4 或 5
	3～13			5 或 6
	＞13			6 或 8
气割	板厚/mm		—	
	＜25			3 或 4
	25～150			4 或 5
	＞150			5 或 6

*)　根据经验，开始使用太暗的镜片难以看清焊接区，因而建议使用可看清焊接区域的适宜镜片，但遮光号不要低于下限值。在氧燃气焊接或切割时焊炬产生亮黄光的地方，希望使用滤光镜以吸收操作视野范围内的黄线或紫外线。

**)　这些数值适用于实际电弧清晰可见的地方，经验表明，当电弧被工件所遮蔽时，可以使用轻度的滤光镜。

并可以提供足够的保护面积。

4.2.2.2　手套

所有焊工和切割工必须佩戴耐火的防护手套，相关标准参见附录C（提示的附录）。

4.2.2.3　围裙

当身体前部需要对火花和辐射做附加保护时，必须使用经久耐火的皮制或其他材质的围裙。

4.2.2.4　护腿

需要对腿做附加保护时，必须使用耐火的护腿或其他等效的用具。

4.2.2.5　披肩、斗篷及套袖

在进行仰焊、切割或其他操作过程中，必要时必须佩戴皮制或其他耐火材质的套袖或披肩罩，也可在头罩下佩戴耐火质地的斗篷以防头部灼伤。

4.2.2.6　其他防护服

当噪声无法控制在GBJ 87规定的允许声级范围内时，必须采用保护装置（诸如耳套、耳塞或用其他适当的方式保护）。

4.3　呼吸保护设备

利用通风手段无法将作业区域内的空气污染降至允许限值或这类控制手段无法实施时，必须使用呼吸保护装置，如：长管面具、防毒面具等（相关标准参见附录C）。

5　通风

5.1　充分通风

为了保证作业人员在无害的呼吸氛围内工作，所有焊接、切割、钎焊及有关的操作必须要在足够的通风条件下（包括自然通风或机械通风）进行。

5.2　防止烟气流

必须采取措施避免作业人员直接呼吸到焊接操作所产生的烟气流。

5.3　通风的实施

为了确保车间空气中焊接烟尘的污染程度低于GB 16194的规定值，可根据需要采用各种通风手段（如：自然通风、机械通风等）。

6　消防措施

6.1　防火职责

必须明确焊接操作人员、监督人员及管理人员的防火职责，并建立切实可行的安全防火管理制度。

6.2　指定的操作区域

焊接及切割应在为减少火灾隐患而设计、建造（或特殊指定）的区域内进行。因特殊原因需要在非指定的区域内进行焊接或切割操作时，必须经检查、核准。

工件不可移时，应将火灾隐患周围所有可移动物移至安全位置。

6.3.3 工件及火源无法转移

工件及火源无法转移时，要采取措施限制火源以免发生火灾，如：

a）易燃地板要清扫干净，并以洒水、铺盖湿沙、金属薄板或类似物品的方法加以保护。

b）地板上的所有开口或裂缝应覆盖或封好，或者采取其他措施以防地板下面的易燃物与可能由开口处落下的火花接触。对墙壁上的裂缝或开口、敞开或损坏的门、窗亦要采取类似的措施。

6.4 灭火

6.4.1 灭火器及喷水器

在进行焊接及切割操作的地方必须配置足够的灭火设备。其配置取决于现场易燃物品的性质和数量，可以是水池、沙箱、水龙带、消防栓或手提灭火器。在有喷水器的地方，在焊接或切割过程中，喷水器必须处于可使用状态。如果焊接地点距自动喷水头很近，可根据需要用不可燃的薄材或潮湿的棉布将喷头临时遮蔽。而且这种临时遮蔽要便于迅速拆除。

6.4.2 火灾警戒人员的设置

在下列焊接或切割的作业点及可能引发火灾的地点，应设置火灾警戒人员：

a）靠近易燃物之处　建筑结构或材料中的易燃物距作业点 10m 以内。

b）开口　在墙壁或地板有开口的 10m 半径范围内（包括墙壁或地板内的隐蔽空间）放有外露的易燃物。

c）金属墙壁　靠近金属间壁、墙壁、天花板、屋顶等处另一侧易受传热或辐射而引燃的易燃物。

d）船上作业　在油箱、甲板、顶架和舱壁进行船上作业时，焊接时透过的火花、热传导可能导致隔壁舱室起火。

6.4.3 火灾警戒职责

火灾警戒人员必须经必要的消防训练，并熟知消防紧急处理程序。

火灾警戒人员的职责是监视作业区域内的火灾情况；在焊接或切割完成后检查并消灭可能存在的残火。

火灾警戒人员可以同时承担其他职责，但不得对其火灾警戒任务有干扰。

6.5 装有易燃物容器的焊接或切割

当焊接或切割装有易燃物的容器时，必须采取特殊的安全措施并经严格检查批准方可作业，否则严禁开始工作。

7 封闭空间内的安全要求

在封闭空间内作业时要求采取特殊的措施。

除了正常的通风要求之外，封闭空间内的通风还要求防止可燃混合气的聚集及大气中富氧。

7.1.1 人员的进入

封闭空间内在未进行良好的通风之前禁止人员进入。如要进入，必须佩戴合适的供气呼吸设备并由戴有类似设备的他人监护。

必要时在进入之前，对封闭空间要进行毒气、可燃气、有害气、氧量等的测试，确认无害后方可进入。

7.1.2 邻近的人员

封闭空间内适宜的通风不仅必须确保焊工或切割工自身的安全，还要确保区域内所有人员的安全。

7.1.3 使用的空气

通风所使用的空气，其数量和质量必须保证封闭空间内的有害物质污染浓度低于规定值。

供给呼吸器或呼吸设备的压缩空气必须满足正常的呼吸要求。

呼吸器的压缩空气管必须是专用管线，不得与其他管路相连接。

除了空气之外，氧气、其他气体或混合气不得用于通风。

在对生命和健康有直接危害的区域内实施焊接、切割或相关工艺作业时，必须采用强制通风、供气呼吸设备或其他合适的方式。

7.2 使用设备的安置

7.2.1 气瓶及焊接电源

在封闭空间内实施焊接及切割时，气瓶及焊接电源必须放置在封闭空间的外面。

7.2.2 通风管

用于焊接、切割或相关工艺局部抽气通风的管道必须由不可燃材料制成。这些管道必须根据需要进行定期检查以保证其功能稳定，其内表面不得有可燃残留物。

7.3 相邻区域

在封闭空间邻近处实施焊接或切割而使得封闭空间内存在危险时，必须使人们知道封闭空间内的危险后果，在缺乏必要的保护措施条件下严禁进入这样的封闭空间。

7.4 紧急信号

当作业人员从人孔或其他开口处进入封闭空间时，必须具备向外部人员提供救援信号的手段。

7.5 封闭空间的监护人员

在封闭空间内作业时，如存在着严重危害生命安全的气体，封闭空间外面必须设置监护人员。

监护人员必须具有在紧急状态下迅速救出或保护里面作业人员的救护措施；具备实施救援行动的能力。他们必须随时监护里面作业人员的状态并与他们保持联络，备好救护设备。

在焊接及切割作业所产生的烟尘、气体、弧光、火花、电击、热、辐射及噪声可能导致危害的地方，应通过使用适当的警告标志使人们对这些危害有清楚的了解。

第二分篇　专用规则

10　氧燃气焊接及切割安全

10.1　一般要求

10.1.1　与乙炔相接触的部件

所有与乙炔相接触的部件（包括：仪表、管路、附件等）不得由铜、银以及铜（或银）含量超过70%的合金制成。

10.1.2　氧气与可燃物的隔离

氧气瓶、气瓶阀、接头、减压器、软管及设备必须与油、润滑脂及其他可燃物或爆炸物相隔离。严禁用沾有油污的手或带有油迹的手套去触碰氧气瓶或氧气设备。

10.1.3　密封性试验

检验气路连接处密封性时，严禁使用明火。

10.1.4　氧气的禁止使用

严禁用氧气代替压缩空气使用。氧气严禁用于气动工具、油预热炉、启，动内燃机、吹通管路、衣服及工件的除尘，为通风而加压或类似的应用。氧气喷流严禁喷至带油的表面、带油脂的衣服或进入燃油或其他贮罐内。

10.1.5　氧气设备

用于氧气的气瓶、设备、管线或仪器严禁用于其他气体。

10.1.6　气体混合的附件

未经许可，禁止装设可能使空气或氧气与可燃气体在燃烧前（不包括燃烧室或焊炬内）相混合的装置或附件。

10.2　焊炬及割炬

只有符合有关标准（如JB/T 5101、JB/T 6968、JB/T 6969、JB/T 6970和JB/T 7947等）的焊炬和割炬才允许使用。

使用焊炬、割炬时，必须遵守制造商关于焊、割炬点火、调节及熄火的程序规定。点火之前，操作者应检查焊、割炬的气路是否通畅、射吸能力、气密性等。

点火时应使用摩擦打火机、固定的点火器或其他适宜的火种。焊割炬不得指向人员或可燃物。

的要求。

禁止使用泄漏、烧坏、磨损、老化或有其他缺陷的软管。

10.4 减压器

只有经过检验合格的减压器才允许使用。减压器的使用必须严格遵守 JB 7496 的有关规定。

减压器只能用于设计规定的气体及压力。

减压器的连接螺纹及接头必须保证减压器安在气瓶阀或软管上之后连接良好、无任何泄漏。

减压器在气瓶上应安装合理、牢固。采用螺纹连接时，应拧足五个螺扣以上；采用专门的夹具压紧时，装卡应平整牢固。

从气瓶上拆卸减压器之前，必须将气瓶阀关闭并将减压器内的剩余气体释放干净。

同时使用两种气体进行焊接或切割时，不同气瓶减压器的出口端都应装上各自的单向阀，以防止气流相互倒灌。

当减压器需要修理时，维修工作必须由经劳动、计量部门考核认可的专业人员完成。

10.5 气瓶

所有用于焊接与切割的气瓶都必须按有关标准及规程[参见附录 A（提示的附录）]制造、管理、维护并使用。

使用中的气瓶必须进行定期检查，使用期满或送检未合格的气瓶禁止继续使用。

10.5.1 气瓶的充气

气瓶的充气必须按规定程序由专业部门承担，其他人不得向气瓶内充气。除气体供应者以外，其他人不得在一个气瓶内混合气体或从一个气瓶向另一个气瓶倒气。

10.5.2 气瓶的标志

为了便于识别气瓶内的气体成分，气瓶必须按 GB 7144 规定做明显标志。其标识必须清晰、不易去除。标识模糊不清的气瓶禁止使用。

10.5.3 气瓶的储存

气瓶必须储存在不会遭受物理损坏或使气瓶内储存物的温度超过 40℃的地方。

气瓶必须储放在远离电梯、楼梯或过道，不会被经过或倾倒的物体碰翻或损坏的指定地点。在储存时，气瓶必须稳固以免翻倒。

气瓶在储存时必须与可燃物、易燃液体隔离，并且远离容易引燃的材料（诸如木材、纸张、包装材料、油脂等）至少 6m 以上，或用至少 1.6m 高的不可燃隔板隔离。

10.5.4 气瓶在现场的安放、搬运及使用

气瓶在使用时必须稳固竖立或装在专用车（架）或固定装置上。

气瓶不得置于受阳光暴晒、热源辐射及可能受到电击的地方。气瓶必须距离实际焊接或切割作业点足够远（一般为 5m 以上），以免接触火花、热渣或火焰，否则必须提供耐火屏障。

气瓶不得置于可能使其本身成为电路一部分的区域。避免与电动机车轨道、无轨电车

电磁吸盘。

——避免可能损伤瓶体、瓶阀或安全装置的剧烈碰撞。

气瓶不得作为滚动支架或支撑重物的托架。

气瓶应配置手轮或专用扳手启闭瓶阀。气瓶在使用后不得放空，必须留有不小于98～196kPa表压的余气。

当气瓶冻住时，不得在阀门或阀门保护帽下面用撬杠撬动气瓶松动。应使用40℃以下的温水解冻。

10.5.5　气瓶的开启

10.5.5.1　气瓶阀的清理

将减压器接到气瓶阀门之前，阀门出口处首先必须用无油污的清洁布擦拭干净，然后快速打开阀门并立即关闭以便清除阀门上的灰尘或可能进入减压器的脏物。

清理阀门时操作者应站在排出口的侧面，不得站在其前面。不得在其他焊接作业点、存在着火花、火焰（或可能引燃）的地点附近清理气瓶阀。

10.5.5.2　开启氧气瓶的特殊程序

减压器安在氧气瓶上之后，必须进行以下操作：

a）首先调节螺杆并打开顺流管路，排放减压器的气体。

b）其次，调节螺杆并缓慢打开气瓶阀，以便在打开阀门前使减压器气瓶压力表的指针始终慢慢地向上移动。打开气瓶阀时，应站在瓶阀气体排出方向的侧面而不要站在其前面。

c）当压力表指针达到最高值后，阀门必须完全打开以防气体沿阀杆泄漏。

10.5.5.3　乙炔气瓶的开启

开启乙炔气瓶的瓶阀时应缓慢，严禁开至超过$1\frac{1}{2}$圈，一般只开至3/4圈以内以便在紧急情况下迅速关闭气瓶。

10.5.5.4　使用的工具

配有手轮的气瓶阀门不得用榔头或扳手开启。

未配有手轮的气瓶，使用过程中必须在阀柄上备有把手、手柄或专用扳手，以便在紧急情况下可以迅速关闭气路。在多个气瓶组装使用时，至少要备有一把这样的扳手以备急用。

10.5.6　其他

气瓶在使用时，其上端禁止放置物品，以免损坏安全装置或妨碍阀门的迅速关闭。使用结束后，气瓶阀必须关紧。

10.5.7　气瓶的故障处理

10.5.7.1　泄漏

如果发现燃气气瓶的瓶阀周围有泄漏，应关闭气瓶阀拧紧密封螺帽。

10.5.7.2　灭火

气瓶泄漏导致的起火可通过关闭瓶阀，采用水、湿布、灭火器等手段予以熄灭。

在气瓶起火无法通过上述手段熄灭的情况下，必须将该区域做疏散，并用大量水流浇湿气瓶，使其保持冷却。

10.6　**汇流排的安装与操作**

在气体用量集中的场合可以采用汇流排供气。汇流排的设计、安装必须符合有关标准规程的要求。汇流排系统必须合理地设置回火保险器、气阀、逆止阀、减压器、滤清器、事故排放管等。安装在汇流排系统的这些部件均应经过单件或组合件的检验认可，并证明符合汇流排系统的安全要求。

气瓶汇流排的安装必须在对其结构和使用熟悉的人员监督下进行。

乙炔气瓶和液化气气瓶必须在直立位置上汇流。与汇流排连接并供气的气瓶，其瓶内的压力应基本相等。

11　电弧焊接及切割安全

11.1　一般要求

11.1.1　弧焊设备

根据工作情况选择弧焊设备时，必须要考虑到焊接的各方面安全因素。进行电弧焊接与切割时所使用的设备必须符合相应的焊接设备标准规定，参见附录 B（提示的附录），还必须满足 GB 15579 的安全要求。

11.1.2　操作者

被指定操作弧焊与切割设备的人员必须在这些设备的维护及操作方面经适宜的培训及考核，其工作能力应得到必要的认可。

11.1.3　操作程序

每台（套）弧焊设备的操作程序应完备。

11.2　弧焊设备的安装

弧焊设备的安装必须在符合 GB/T 4064 规定的基础上，满足下列要求。

11.2.1　设备的工作环境与其技术说明书规定相符，安放在通风、干燥、无碰撞或无剧烈震动、无高温、无易燃品存在的地方。

11.2.2　在特殊环境条件下（如：室外的雨雪中；温度、湿度、气压超出正常范围或具有腐蚀、爆炸危险的环境），必须对设备采取特殊的防护措施以保证其正常的工作性能。

11.2.3　当特殊工艺需要高于规定的空载电压值时，必须对设备提供相应的绝缘方法（如采用空载自动断电保护装置）或其他措施。

11.2.4　弧焊设备外露的带电部分必须设置完好的保护，以防人员或金属物体（如货车、起重机吊钩等）与之相接触。

11.3　接地

焊机必须以正确的方法接地（或接零）。接地（或接零）装置必须连接良好，永久性

11.4.1 构成焊接回路的焊接电缆必须适合于焊接的实际操作条件。

11.4.2 构成焊接回路的电缆外皮必须完整、绝缘良好（绝缘电阻大于 1 MΩ）。用于高频、高压振荡器设备的电缆，必须具有相应的绝缘性能。

11.4.3 焊机的电缆应使用整根导线，尽量不带连接接头。需要接长导线时，接头处要连接牢固、绝缘良好。

11.4.4 构成焊接回路的电缆禁止搭在气瓶等易燃品上，禁止与油脂等易燃物质接触。在经过信道、马路时，必须采取保护措施（如使用保护套）。

11.4.5 能导电的物体（如管道、轨道、金属支架、暖气设备等）不得用做焊接回路的永久部分。但在建造、延长或维修时可以考虑作为临时使用，其前提是必须经检查确认所有接头处的电气连接良好，任何部位不会出现火花或过热。此外，必须采取特殊措施以防事故的发生。锁链、钢丝绳、起重机、卷扬机或升降机不得用来传输焊接电流。

11.5 **操作**

11.5.1 安全操作规程

指定操作或维修弧焊设备的作业人员必须了解、掌握并遵守有关设备安全操作规程及作业标准。此外，还必须熟知本标准的有关安全要求（如：人员防护、通风、防火等内容）。

11.5.2 连线的检查

完成焊机的接线之后，在开始操作设备之前必须检查一下每个安装的接头以确认其连接良好。其内容包括：

——线路连接正确合理，接地必须符合规定要求；

——磁性工件夹爪在其接触面上不得有附着的金属颗粒及飞溅物；

——盘卷的焊接电缆在使用之前应展开以免过热及绝缘损坏；

——需要交替使用不同长度电缆时应配备绝缘接头，以确保不需要时无用的长度可被断开。

11.5.3 泄漏

不得有影响焊工安全的任何冷却水、保护气或机油的泄漏。

11.5.4 工作中止

当焊接工作中止时（如：工间休息），必须关闭设备或焊机的输出端或者切断电源。

11.5.5 移动焊机

需要移动焊机时，必须首先切断其输入端的电源。

11.5.6 不使用的设备

金属焊条和碳极在不用时必须从焊钳上取下以消除人员或导电物体的触电危险。焊钳在不使用时必须置于与人员、导电体、易燃物体或压缩空气瓶接触不到的地方。半自动焊机的焊枪在不使用时亦必须妥善放置以免使枪体开关意外启动。

禁止焊条或焊钳上带电金属部件与身体相接触。

11.5.7.2　绝缘

焊工必须用干燥的绝缘材料保护自己免除与工件或地面可能产生的电接触。在坐位或俯位工作时，必须采用绝缘方法防止与导电体的大面积接触。

11.5.7.3　手套

要求使用状态良好的、足够干燥的手套。

11.5.7.4　焊钳和焊枪

焊钳必须具备良好的绝缘性能和隔热性能，并且维修正常。

如果枪体漏水或渗水会严重威胁焊工安全时，禁止使用水冷式焊枪。

11.5.7.5　水浸

焊钳不得在水中浸透冷却。

11.5.7.6　更换电极

更换电极或喷嘴时，必须关闭焊机的输出端。

11.5.7.7　其他禁止的行为

焊工不得将焊接电缆缠绕在身上。

11.6　维护

所有的弧焊设备必须随时维护，保持在安全的工作状态。当设备存在缺陷或安全危害时必须中止使用，直到其安全性得到保证为止。修理必须由认可的人员进行。

11.6.1　焊接设备

焊接设备必须保持良好的机械及电气状态。整流器必须保持清洁。

11.6.1.1　检查

为了避免可能影响通风、绝缘的灰尘和纤维物积聚，对焊机应经常检查、清理。电气绕组的通风口也要做类似的检查和清理。发电机的燃料系统应进行检查，防止可能引起生锈的漏水和积水。旋转和活动部件应保持适当的维护和润滑。

11.6.1.2　露天设备

为了防止恶劣气候的影响，露天使用的焊接设备应予以保护。保护罩不得妨碍其散热通风。

11.6.1.3　修改

当需要对设备做修改时，应确保设备的修改或补充不会因设备电气或机械额定值的变化而降低其安全性能。

11.6.2　潮湿的焊接设备

已经受潮的焊接设备在使用前必须彻底干燥并经适当试验。设备不使用时应贮存在清洁干燥的地方。

11.6.3　焊接电缆

焊接电缆必须经常进行检查。损坏的电缆必须及时更换或修复。更换或修复后的电缆必须具备合适的强度、绝缘性能、导电性能和密封性能。电缆的长度可根据实际需要连接，

12.1　**一般要求**

12.1.1　电阻焊设备

根据工作情况选择电阻焊设备时，必须考虑焊接各方面的安全因素。电阻焊所使用的设备必须符合相应的焊接设备标准（参见附录B）规定及GB 15578标准的安全要求。

12.1.2　操作者

被指定操作电阻焊设备的人员必须在相关设备的维护及操作方面经适宜的培训及考核，其工作能力应得到必要的认可。

12.1.3　操作程序

每台（套）电阻焊设备的操作程序应完备。

12.2　**电阻焊设备的安装**

电阻焊设备的安装必须在专业技术人员的监督指导下进行，并符合GB/T 4064标准规定。

12.3　**保护装置**

12.3.1　启动控制装置

所有电阻焊设备上的启动控制装置（如：按钮、脚踏开关、回缩弹簧及手提枪体上的双道开关等）必须妥善安置或保护，以免误启动。

12.3.2　固定式设备的保护措施

12.3.2.1　有关部件

所有与电阻焊设备有关的链、齿轮、操作连杆及皮带都必须按规定要求妥善保护。

12.3.2.2　单点及多点焊机

在单点或多点焊机操作过程中，当操作者的手需要经过操作区域而可能受到伤害时，必须有效地采用下述某种措施进行保护。这些措施包括（但不局限于）：

a）机械保护式挡板、挡块；

b）双手控制方法；

c）弹键；

d）限位传感装置；

e）任何当操作者的手处于操作点下面时防止压头动作的类似装置或机构。

12.3.3　便携式设备的保护措施

12.3.3.1　支撑系统

所有悬挂的便携焊枪设备（不包括焊枪组件）应配备支撑系统。这种支撑系统必须具备失效保护性能，即当个别支撑部件损坏时，仍可支撑全部载荷。

12.3.3.2　活动夹头

活动夹头的结构必须保证操作者在作业时，其手指不存在被剪切的危险，否则必须提供保护措施。如果无法取得合适的保护方式，可以使用双柄，即每只手柄上带有安在适当

12.4.1 电压

所有固定式或便携式电阻焊设备的外部焊接控制电路必须工作在规定的电压条件下。

12.4.2 电容

高压贮能电阻焊的电阻焊设备及其控制面板必须配置合适的绝缘及完整的外壳保护。外壳的所有拉门必须配有合适的联锁装置。这种联锁装置应保证：当拉门打开时可有效地断开电源并使所有电容短路。

除此之外，还可考虑安装某种手动开关或合适的限位装置作为确保所有电容完全放电的补充安全措施。

12.4.3 扣锁和联锁

12.4.3.1 拉门

电阻焊机的所有拉门；检修面板及靠近地面的控制面板必须保持锁定或联锁状态以防止无关人员接近设备的带电部分。

12.4.3.2 远距离设置的控制面板

置于高台或单独房间内的控制面板必须锁定、联锁住或者是用挡板保护并予以标明。当设备停止使用时，面板应关闭。

12.4.4 火花保护

必须提供合适的保护措施防止飞溅的火花产生危险，如：安装屏板、佩戴防护眼镜。由于电阻焊操作不同，每种方法必须做单独考虑。

使用闪光焊设备时，必须提供由耐火材料制成的闪光屏蔽并应采取适当的防火措施。

12.4.5 急停按钮

在具备下述特点的电阻焊设备上，应考虑设置一个或多个安全急停按钮：

a）需要 3s 或 3s 以上时间完成一个停止动作。

b）撤除保护时，具有危险的机械动作。

急停按钮的安装和使用不得对人员产生附加的危害。

12.4.6 接地

电阻焊机的接地要求必须符合 GB 15578 标准的有关规定。

12.5 维修

电阻焊设备必须由专人做定期检查和维护。任何影响设备安全性的故障必须及时报告给安全监督人员。

13 电子束焊接安全

13.1 一般要求

13.1.1 电子束焊接设备

根据工作情况选择电子束焊接设备时，必须考虑焊接的各方面安全因素。

13.1.2 操作者

被指定操作电子束焊接设备的人员必须在相关设备的维护及操作方面经适宜的培训

13.2.1　电击

设备上必须放置合适的警告标志。

电子束设备上的所有门、使用面板必须适当固定以免突然或意外启动。所有高压导体必须完整地用固定好的接地导电障碍物包围。运行电子束枪及高压电源之前，必须使用接地探头。

13.2.2　烟气

对低真空及非真空工艺，必须提供正面通风抽气和过滤。高真空电子束焊接过程中，清理真空腔室里面时必须特别注意保持溶剂及清洗液的蒸汽浓度低于有害程度。

焊接任何不熟悉的材料或使用任何不熟悉的清洗液之前，必须确认是否存在危险。

13.2.3　X射线

为了消除或减少X射线至无害程度，对电子束设备要进行适当保护。对辐射保护的任何改动必须由设备制造厂或专业技术人员完成。修改完成后必须由制造厂或专业技术人员做辐射检查。

13.2.4　眩光

用于观察窗上的涂铅玻璃必须提供足够的射线防护效果。为了减低眩光使之达到舒适的观察效果，必须选择合适的滤镜片。

13.2.5　真空

电子束焊接人员必须了解和掌握使用真空系统工作所要求的安全事项。

附录A
（提示的附录）
有关焊接与切割用气瓶标准

GB 5099—1994　钢质无缝气瓶

GB 5100—1994　钢质焊接气瓶

GB 5842—1996　液化石油气钢瓶

GB 7512—1998　液化石油气钢瓶阀

GB 8334—1987　液化石油气钢瓶定期检验与评定

GB 8335—1998　气瓶专用螺纹

GB 10877—1988　氧气瓶阀

GB/T 10878—1989　气瓶锥螺纹丝锥

GB 10879—1989　溶解乙炔气瓶阀

GB 1l638—1989　溶解乙炔气瓶

GB 13004—1991　钢质无缝气瓶定期检验与评定
GB 13075—1991　钢质焊接气瓶定期检验与评定
GB 13076—1991　溶解乙炔气瓶定期检验与评定
GB 13077—1991　铝合金无缝气瓶定期检验与评定
气瓶安全监察规程
溶解乙炔气瓶安全监察规程

附录 B
（提示的附录）
有关焊接设备标准

GB/T 8118—1995　电弧焊机　通用技术条件
GB 8366—1996　电阻焊机　通用技术条件
GB/T 10235—1988　弧焊变压器防触电装置
GB/T 13164—1991　埋弧焊机
JB 685—1992　直流弧焊发电机
JB/T 2751—1993　等离子弧切割机
JB/T 3158—1999　电阻点焊直电极
JB/T 3643—1992　小型弧焊变压器
JB/T 3946—1999　凸焊机电极平板槽子
JB/T 3947—1999　电阻点焊电极接头
JB/T 3948—1999　电阻点焊电极帽
JB/T 3957—1999　电极锥度　配合尺寸
JB/T 5249—1991　移动式点焊机
JB/T 5250—1991　缝焊机
JB/T 5251—1991　固定式对焊机
JB/T 5340—1991　多点焊机用阻焊变压器　特殊技术条件
JB 7107—1993　弧焊设备　电焊钳的安全要求
JB/T 7108—1993　碳弧气刨机
JB/T 7109—1993　等离子弧焊机
JB/T 7824—1995　逆变式弧焊整流器技术条件
JB/T 7834—1995　弧焊变压器
JB/T 7835—1995　弧焊整流器
JB/T 8085—1995　摩擦焊机
JB/T 8747—1999　钨极惰性气体保护弧焊机（TIG 焊机）技术条件

JB/T 9191—1999　等离子喷焊枪　技术条件
JB/T 9192—1999　等离子喷焊电源
JB/T 9532—1999　MIG/MAG 焊焊枪　技术条件
JB/T 9533—1999　焊机送丝机构　技术条件
JB/T 9534—1999　引弧装置　技术条件
JB/T 9959—1999　电阻点焊　内锥度 1：10 的电极接头
JB/T 9960—1999　电阻点焊　凸型电极帽
JB/T 10101—1999　固定式凸点焊机
JB/T 10110—1999　电阻焊机控制器　通用技术条件

附录 C
（提示的附录）
有关安全、劳动保护标准

GB 2890—1995　过滤式防毒面具通用技术条件
GB 2894—1996　安全标志
GB 5083—1985　生产设备安全卫生设计总则
GB 6095—1985　安全带
GB 6220—1986　长管面具
GB/T 6223—1997　过滤式防微粒口罩
GB 8196—1987　机械设备防护罩安全要求
GB 8197—1987　防护屏安全要求
GB 12011—1989　绝缘皮鞋
GB 12265—1995　机械防护安全距离
GB 12623—1990　防护鞋通用技术条件
GB 12624—1990　劳动保护手套通用技术条件
GB 12801—1991　生产过程安全卫生要求总则
GB 13495—1992　消防安全标志
GB 15630—1995　消防安全标志设置要求
GB 16179—1996　安全标志使用导则
GB 16556—1996　自给式空气呼吸器